讓上司放心交辦任務的CSI工作術

曾國棟原著・口述 │ 王正芬整理・補

目錄

推薦序》

站穩馬步，成為上司放心託付任務的人

城邦媒體集團首席執行長　何飛鵬

在職場中，我會透過與公司同仁的互動與溝通，觀察他們的工作方式。我發現，一般工作者在執行任務時，不論是新企畫的提報，或是溝通過程，最常遇到的困擾不在於大方向，反倒是在一些細微之處出錯。這些微小之處的錯誤，讓工作者要花更多時間來補救，導致效率低落，也無法得到預期的成果。

市面上已有許多討論改善工作績效的各類書籍，其中所提供給讀者的建議多半是

「往外擴展」，如：開發新產品、拓展新客戶、舉辦宣傳活動……等等。所以，當我得知曾董事長將他數十年的工作經驗與心路歷程，彙整成公司內部的教育訓練，便積極地向曾董爭取，希望能將之重新編排出版，讓更多工作者可以學習，也讓這珍貴的經驗能傳承給大眾。

有別於其他書籍，本書提供了工作者另一種思維：「向內札根」，藉由站穩馬步——思考後，做出不後悔的決定——來提升工作表現，透過C（確認）、S（步驟思考）、I（深入訪談）三個方法，培養自己的觀察力、決斷力、細節力，讓主管能放心地把重要任務交給你，也讓自己做起事來更順暢無誤。

書中所提點的細節部分，正是讓日常工作得以順利進行的關鍵。當然也是在工作場合中經常發生的狀況，就像在第一章〈確認〉裡提到的「傳遞失真」與「假設對方已經知道」等等錯誤，確實都常發生在同事的工作中。

我們非常榮幸能和曾董事長與正芬合作出版，尤其對曾董事長以親切的口吻，坦率、簡單生活化的表達方式，無私且毫無保留地將他己身的經驗與廣大讀者分享，實是特別難能可貴。

我相信，每位讀者、工作者都能從本書曾董的心路歷程和經驗傳承中獲益匪淺，在人生及工作路途裡能因此少走許多冤枉路，至少，當我們在遇到類似狀況或錯誤發生時，有過往案例可參考，藉此不斷學習與改進，來提升自己的成長與成就。

編者序》從創業家的身影學工夫

二〇〇六年第一次拜讀曾國棟董事長十萬字的「心得共享篇」時，覺得很感動！怎麼會有一位老闆願意這麼直白地分享許多業務技巧、細節？

於是，我也卯足了勁，將自己過去在媒體、數位學習和活動規劃上的看家本領拿出來，從閱讀心理與行為出發，希望能將曾董事長的經驗和企業經營的隱性知識，轉化成為多數人更能理解的呈現。

為了落實這樣的計畫目標，必須在原有資料中補入大量的案例，或許是我們的熱情和認真執意的態度感動了曾董事長吧！他真的在百忙之中，每兩週撥出兩小時接受我的訪談，其實案例真的很多，也好像天天都在企業中上演，但是，模糊的案例輪廓並不能成為「有效學習」或「傳承」的教材，我想要著力的點是「董事長決策背後的思維」。

初期，透過採訪的釣魚功夫，讓過去曾發生的精采案例一一鮮活了起來，不久後，我幾乎已經用不上釣魚技巧，因為曾董事長已經利用手機隨時蒐集資料，我們每隔兩週就將值得的案例和見聞思維記錄下來，歷時七年。

在這段不算短的互動中，最令我欽佩的是，曾董事長對每個作業環節的掌握度、對細節要求精準的精神，以及細膩的觀察和驚人的毅力、堅持。他並未隨著公司規模逐漸擴大就遠離業務現場，忽略了來自基層同仁的需求與心聲，有時我忍不住會問董事長：「您這麼忙，怎麼還能對這麼多作業細節瞭若指掌，有什麼秘訣嗎？」他總是說：「我也付出了許多學費！」

我想，如果不是那一段摸索學習的路程太過辛苦、深刻，曾董事長職場基本功的底蘊不會如此深厚，對很多事情也有其獨到的見解。更難得的是，他願意完全不藏私地將許多「眉角」點出來，讓我們不一定要經過工作挫折和滄桑，也可掌握訣竅。他常說：「只要這些對一個人有幫助，就值得了！」事實上，我看到、也聽到許多友尚同仁在工作上都會參考曾董事長這些心得，還有些人自己做成小抄，放在手機中或貼在辦公桌前提醒自己，當然，我也是其中的受益者。其中，雖然沒有太多理論上的考究，卻都是最真切、直接拈來可行的方法。

這是我做過最有成就感的工作，雖然，我不是第一次做這樣的工作，但卻是第一次這麼長時間、有系統地整理出一家企業成長的核心價值和產業知識，如果不是基於「絕對信任」，一定無法累積出今天的成果，感謝曾董事長充分信任我對自我職業道德上的要求，也非常感謝他願意接納這過程中的許多建議，讓我有更多揮灑的空間。而今，這份「協助企業有系統記錄隱性知識」的自信已成為我終生的職志，我認為，台灣這一代白手起家的創業歷程最豐富，其中許多從無到有的商業或人生智慧，如果可以轉換為有效的語言或表現方式，將會是下一代年輕人最具養分的學習教材。

自序》 一段無私分享的歷程

時間過得真快，從退伍後，隨即投入電子零組件通路業，迄今已超過三十八載，一九八〇年與友人合資創辦友尚公司，也已過了三十三個年頭。友尚從當初六個人的公司成長到超過一千二百人，二〇〇九年營收突破千億元的規模；從一個純貿易商的角色，轉型為代理商，再擴大成為通路商的角色，營業據點也超過了三十個，分布於台灣、中國及東南亞地區。二〇〇〇年友尚成為台灣第一家通路上市公司，二〇一〇年底加入大聯大控股集團，二〇一三年大聯大年營收超過四千億的規模，力拚電子零組件通路商世界第一的地位。

回顧從事業務的初期，經歷了一段缺乏系統性訓練、學習的痛苦，遂有感於生手摸索探路過程的困難度，於是在創業初期，便在心中暗自立下了「無私分享、快樂傳承」的人生目標與志趣，也因此在企業經營上，特別重視員工教育訓練。

公司發展的過程中，雖然經常邀請專家講師幫員工上課，但是對於通路業職能上所需要的專業知識，卻苦於找不到適當的教材及講師，為了將知識傳承及分享，從一九九五年開始，利用假日及空檔時間，開始著手將過去教育訓練的素材及業務實務心得整理出來，前後花了將近一年的時間，寫了十萬字左右，並編輯成冊以《心得共享》為書名，送給同仁做為教育訓練的參考教材。

二〇〇六年在政大企家班，碰到有編輯經驗的同學出來創業，引薦了有採訪及教材編撰經驗的王正芬，建議將《心得共享》重新整理成有系統的教材，也於此同時，發覺她能聽懂、消化並能以相同口吻補述，於是改由我口述、她撰寫的方式，持續進行相關教材的開發。我將平時營運上碰到的種種問題，分門別類將標題及重點寫在手機上，連續七年保持雙週兩小時，以口述及校稿方式陸續完成了後面五十萬字左右的教材，並編印成三本「業務實戰篇」、「觀念篇」及「經營札記篇」，送給同仁參考及做為教育訓練的基本教材。

因緣際會遇見了城邦媒體集團何飛鵬首席執行長，他看了我寫的局部教材，認為值得出版給一些對業務行銷及管理有興趣，以及有心學習的朋友們參考。原本這些教材是提供公司內部教育訓練之用，並沒有打算要對外出書，經此契機，也有了更進一步的想法：既然知名出版社認為這些內容對一些人有幫助，加上個人向來又以「分享」為人生志趣，照理說應該擴大分享範圍才對！於是欣然同意商周出版從六十萬字的教材中，挑選較為共通性的題材，編輯成冊分享給讀者。

我所寫的內容都是一些實務的心得及職場上常犯的錯誤、迷思，並沒有什麼高深的理論，這本書中所包含的「確認」、「步驟思考」以及「深入訪談」的要點，除了基層人員，也是許多主管都需要注意的環節，希望這些要點能幫助讀者在工作上更順利，進而受到主管重用。

感謝商周出版投入相當多資源及時間將教材一一審視及編排，也感謝王正芬小姐配合商周的需求，投入時間幫忙整理。最後，再次感謝何社長的肯定及勉勵，也希望讀者能抽空參考《商業周刊》第一三四四期的商場自慢塾專欄文章〈全公司努力學習〉。

前言

某位理財專業顧問在準備第二天的演講簡報資料時，赫然發現名片即將用罄，他焦急地叮囑秘書，務必以最速件處理。秘書接到指示後，由於時間過於緊迫，她也立刻打電話給平日配合的那家快速影印店，告訴影印店老闆理財顧問的職稱及其他需求。

才放下電話，快速影印店老闆就以最快的速度，將寫有客戶名片內容的資料文件，趕緊交代員工處理。員工接過老闆給他的資料，覺得有點怪怪的，但是想說這是老闆親手交代的，應該不會錯，再加上又是急件，所以也就沒再問過老闆，急著去趕印客戶的新名片。

果真，快速影印店對老客戶的服務真是快！當天下午，秘書就收到新印的名片，她高興地將新出爐的名片立刻拿給理財專業顧問。

理財專業顧問正準備將新名片放進名片夾時，看到名片上的字，臉都綠了，秘書一看，也傻了，不等理財專業顧問發火，她立刻轉身回座位，氣急敗壞地打電話向快速影印店老闆抗議：「你們搞什麼鬼？把理財專業顧問的名片印成『專業顧門』，少一個口啦！我們明天急著用，怎麼辦？」

「對不起！對不起，我們馬上幫你重印！絕對不會耽誤到你們明天的演講活動。」快速影印店老闆惶恐而客氣地一再道歉和保證。

第二天一早，重印的名片果真火速地送到了演講會場給這位理財專業顧問，上面頭銜印著「專業顧門口」！

這張專業顧門口的名片贏得了不少人的莞爾一笑，但是身為當事人的理財專業顧問和秘書一定都很懊惱：「早知道，應該要……」

相信許多人在工作中都有過類似的心情：「我怎麼知道這麼簡單的事情會出問題，早知道，應該要……。」又或者是，很認真、努力執行主管交辦或客戶臨時需求的事情，卻可能因為某些小插曲，讓工作效果大打折扣，反而惹來主管斥責或客戶的不悅，自己也不免有「做到流汗，卻被人嫌到流口水」的委屈感。

而這些「早知道……」的感嘆或是「自己沒能做到位」的小插曲，也常常會讓我們在職場上的信譽和能力很受傷。就像前幾天，有位年輕朋友被主管交付了一項很重要的緊急任務，接下任務的他本想藉此讓主管看到他的努力和能力，但是在積極認真處理之後，卻非常沮喪地說：「我知道我在做對的事，也很努力去做，但是卻因為沒有把事情做對，不但白忙了一天，還被主管訓了半天。」

基本上，沒有人會想把工作搞砸，只是在職場上，我們每天都會遇到許多狀況需要處理，有時候是客戶提出臨時的需求，有時候需要為新產品或新活動擬定企劃案，有時候需要評估賺錢的點子，每個人手上都同時握有多項正在執行、準備規劃或是突發狀況的工作，不論職務高低，在各自的職權範疇中你都需要做出大大小小的決定，並設法讓這些大大小小的決定做到位，才能讓你的工作成效彰顯出來。

其實你只要在工作中掌握住「CSI原則」——確認（Checking）、步驟思考（Step Thinking）與深入訪談（Interview），就能讓你將對的事做對，避免再讓「早知道」的失誤或「做到流汗，卻被人嫌到流口水」的工作不得法，吃掉了你的努力和創意，當然也就會贏得主管信任與發展舞台，讓主管更放心將重要的工作交給你。

第一章

確認——找出失誤、拿回好牌

管理學中，為了讓組織有效達成目標，有一套非常著名的PODC管理流程：計畫力（Planning）、組織力（Organizing）、引導力（Directing）、控管力（Controlling）。

其中，控管力雖然不需要像計畫力一樣，要才氣縱橫、具有創意，也不需要像組織力或引導力一樣，要聰明智慧、深具魅力，但是從這程序上，我們也不難看出，任何的事情就算POD做得再好，如果最後控管力這一環無法做到位的話，也很難讓原先的期待如願達陣。

所以，為了確保成效，如何依據先前擬定的評估基準不斷進行查核，讓實際的執行成效可以與目標值相符，也就是所謂的「確認」（Checking），就成為控管力流程中很重要的核心作業。

我們可以這樣說：「確認」是所有工作順利執行過程中最重要的基礎，也是落實執行力很重要的環節，它要求的學問也不大，只要「確實」——無論是將事情交代出去或是接到事情之後，都應該要將所有作業流程中的環節再想一遍、重新核對一次，並追蹤、堅持到最後一刻鐘。

但是，往往愈是簡單、基本的工作，要執行至百分之百到位卻愈難落實。究竟問題出在哪裡？我們還能夠做些什麼才會降低工作上的失誤？

從常見錯誤中提升「確認」的能力

常見錯誤一：認知不同

業務人員小張和客戶剛談成一筆生意，約定貨到時，採現金交易模式。約定送貨當天，小張忙著處理其他客戶的臨時狀況，無法分身前往送貨收款，遂委託小林幫忙送貨並當場收回貨款。第三天，主管發現該筆貨款仍未兌現，追問之下，才發現客戶開了一張兩週才兌現的支票，而非立刻可以兌現的現金票。

究其因，原來小林認為：兩週內的支票都算現金。所以當客戶將支票拿給小林時，小林很快就收下，並認為已經順利完成小張的委託。

結果，工作不力的失誤來自於雙方對現金的認知不同。每個人對事情的認知和執行標準，都不盡然相同，為了讓彼此能夠站在一致的地平線上看事情、想事情或攜手共事，當我們在溝通時應該將目標的定義和內容項目說清楚，透過「確認」步驟，避免讓「認知不同」的錯誤影響到工作成果。

常見錯誤二：遺忘

上述案例還有另一種常見的情況：當小林幫忙小張送貨當天，因為一直等不到客戶的會計或老闆，所以根本沒有收回貨款，回到公司後又忘記告訴業務人員小張，直到三天後主管追查時，才發現原來還有一筆因為遺忘而被忽略的貨款未即時處理。

結果，工作不力的失誤來自於遺忘。小林回公司忘了告訴小張雖然不對，但是身為主要負責人的業務人員小張卻失誤更大。在這事件中，他遺忘了兩個重要的「確認」時機：

一、送貨前一天，小張就應該要記得和客戶再次確認收款的時間、方式。

二、當天忙完或晚一點時，就應該立刻和小林確認送貨收款狀況，才不會等到主管追查了，才愕然發現款項未收的問題。

常見錯誤三：傳遞失真

簽出貨單時，我常常會詢問該業務同仁：「上一筆的現金交易已經如期收回了嗎？」通常，業務同仁都會一口肯定地告訴我：「報告董事長，已經收回了。」但是，當我按內線詢問會計（或查詢電腦）時，有時卻會發現款項還沒有進帳。追問之下，該業務同仁的答案是：助理告訴他已經收回。再追問助理，助理的答案是：客戶說某月某日前已經寄出。等到問客戶時，客戶說：「啊！我那一天一忙，忘了開票。」

結果，工作不力的失誤來自於傳遞失真。從客戶、助理到業務同仁，才三個流程點就能夠讓訊息從無（支票忘了開）到有（現金交易已經如期收回）。

試想，如果主管每次確認你的工作執行成果時，總是留下這樣的印象，不用多，只要有兩三次的紀錄，他可能就會在心中對你的工作態度和能力大打折扣，更遑論在關鍵時刻提拔你、重用你。其實，克服傳遞失真最直接的方式，就是收到訊息後，還必須回到終點（公司財會部門入帳了嗎？）或是起點（客戶出帳了嗎？）再次確認清楚。

常見錯誤四：道聽塗說

為了配合業務成長，辦公室重新規劃裝潢，經過細心考慮所有動線後，決定以屏風分隔出管理區與工作區。某天，當台灣的包商將樣品送來給我和總經理看時，我們非常納悶：「這隔屏的高度怎麼這麼低？」同仁說：「這不是你要的嗎？總務A君說你交代要低一點的隔屏。」

我丈二金剛摸不著頭緒，因為我從來沒有跟A君討論過有關隔屏的高度問題！為了了解究竟，我請同仁再去向總務A君問清楚。

A君表示，他是從台灣包商處聽說的：「台灣總公司說隔屏的高度要低一點，約一百一十公分左右的空間通透性較好。」於是，A君就認為（假設說）台北總公司的說法是我的決定。

結果，工作不力的失誤來自於道聽塗說。這看似容易的問題，卻一直到最後我發現問題、再次確認時，才知道這項工作從頭到尾都沒有決策清楚。大家都是道聽塗說地以為我已經決定了一百一十公分的隔屏高度，於是劈里啪啦就開始一連串的錯誤執行。

其實，作業過程中的即時確認，往往也是幫助自己和團隊間達成共識最好的作業方式，避免到最後一秒鐘才發現同仁和自己，甚至和客戶之間的認知有落差。

常見錯誤五：未到終點站確認

一般工作中，最常發生問題的地方往往是作業的「終點站」。所謂「終點站」有可能是主管（老闆）、經辦人，也可能是文件紙本或是電腦系統，只要能夠用以證明目標無誤的人或物，都可視之為「終點站」。比如說：

一、決策的「終點站」：主管或老闆。在上一個辦公室隔屏的案例中，如果總務A君在聽到台北總公司的說法之後，還能夠在執行前，再到終點站（我）做「確認」的話，就不會做出一連串錯誤的決定，讓大家費時費力做虛工了。

二、接訂單作業的「終點站」：親自看到合約及其內容條款。為什麼會有這麼深刻的要求？因為過去每當我想確認業務訂單的進度時，通常都會先問業務主管，幾乎九九％的時候，他們都會告訴我：「應該沒問題，訂單都收到了。」但是，等我再追下去，請他們拿出訂單時，大部分的業務主管就開始支吾其詞地說：「客戶好像明天才要寄出來……。」換句話說，實際情況很可能是：客戶還在考慮、評估當中。諸如此類的情形不勝枚舉，所以之後，針對一些風險較高的產品項訂單，我開始要求一定要看到合約相關的文件，甚至還要確認合約內容中是否有較不合理的限制條款、特別約定……等，確認一切如實，可以做到才簽核，也唯有看到正式文件內容，才能說已經確認到終點站。

三、收款作業的「終點站」：親自查看公司收票或是電腦系統已經入帳。如同接訂單的情形一樣，每當主管問業務同仁：「客戶已經付款了嗎？」一般業務同仁往往又會轉問助理，助理回答說：「好像寄（匯）出來了！」於是，業務就理所當然地認為：「客戶已經付款了！」事實上，如果再仔細想想：「好像」和「已經」之間，其實還有很大的認知落差存在，所以說，如果身為業務的你，沒能在終點站（親自查看公司收票紀錄或是電腦系統入帳資料）確實地確認清楚的話，那麼，問題就會經常與你的認知產生誤差，主管也會覺得你怎麼都掌握不住狀況。

常見錯誤六：沒有確實做好知會與確認

業務部副總經理與財會部經理共同討論後，決定與某保險公司合作，將甲客戶的貨款賣給該保險公司，實行一段時間之後，該保險公司因為變更授信額度的關係，不再繼續提供甲客戶服務。

接到保險公司通知的財會部經理，也將訊息告知了負責甲客戶的業務小強，一個月後，業務副總在進行業務會報時，知道了這件事之後，非常生氣，將財會部經理和業務小強找來訓斥說：「這麼重要的事怎麼沒有同步知會我，如果連保險公司都不願意提供甲客戶服務，是不是表示該客戶的風險已經增高？我們是不是也應該對該客戶的信用額度重新評估？甚至根本就不應該繼續供貨給甲客戶？」換句話說，這個看似間接的小訊息，其實也牽動了公司業務相關部門下一步和甲客戶間的互動決策，這個知會上的失誤，很可能會讓公司多一筆呆帳。

結果，工作不力的失誤來自於沒有確實做好知會與確認。或許很多人面對新需求或變動產生時，都和案例中的財會部經理一樣，一定會記得通知直接的作業人員，但是接下來就理想性地「假設」該位作業人員「應該會」知會其主管，或是該單位「應該會」自動地知會所有其他相關的橫向單位，所以，以為告知一個人就已經是盡到「確認」的責任，事實上，這樣的知會與「確認」動作只是做了半套而已。

職場上不會有那麼多「應該會」的理想假設，事情也往往不會這麼理想地自動進行，要想在工作職場中勝出，許多時候你必須做得比多數人更徹底。所以，當有跨部門作業的新需求或變動產生時，你如果是第一位接到知會或是負責的同仁，除了記得要知會執行同事之外，千萬還要記得同時知會「其直線單位主管」與「所有橫向相關單位的主管」，提醒他們注意，才算完成告知和確認的程序。

常見錯誤七：多層環節、不易掌握

以電子零組件通路商的退貨作業來看，一旦退貨確認單簽出去之後，就必須要經過區域分公司的產品經理、供應商端的產品經理、總公司的產品經理、總公司會計、貨運配合廠商、公司倉庫管理人員、區域分公司會計等眾多環節，有公司內部作業，也有外部配合作業，有時還涉及跨區、跨國等層層作業，其中，只要有一個環節卡住便會讓整體作業不順暢，特別是在急單作業的時間壓力下，稍不留意就很容易引發骨牌效應，影響到後面的環節，讓小問題變成大問題。

結果，工作不力的失誤來自於未能即時確認。面對組織龐大、產品多元的企業體，往往需要面對的作業環節愈多層、複雜，這時候，除了事前鉅細靡遺將所有相關程序和每個環節所需要的資料備齊之外，還必須在將事情交代出去或接到事情之後，隨時、即時地確認，絕對不能認為工作交出去，責任就算完成，才不會到最後一秒鐘發現錯誤時，再怎麼責怪他人或懊悔不已都於事無補。

常見錯誤八：假設對方已經知道

主管A君帶著業務小朱一起拜訪客戶，在溝通會議上，客戶當場提出了一些需求，雙方並約定在下次會議時，再深入地針對這次所提出的需求進行細節討論。

會後，主管A君認為小朱既然已經全程參與了整個會議過程，應該已經知道下次會議前該做些什麼事情、準備些什麼資料，於是就沒有和小朱再針對這次會議重點進行溝通、確認。直到下次開會前二天，主管A君叫小朱將會議資料拿來過目時，才赫然發現小朱所準備的會議資料，沒能準確抓到客戶的需求，還有幾點要和客戶再商議的關鍵點也漏掉了，只好取消所有行程，和小朱修正到深夜才大概將方向補強，至於架構鋪陳引導或視覺效果也只能拋諸腦後，這次是顧不上了。

結果，工作不力的失誤來自於假設對方已經知道。很多情況下，我們很容易假設對方已經知道或是應該了解，而忽略了必須將正確資訊再次傳遞或確認的重要性。回頭來看，為什麼小朱的會議資料會準備錯誤呢？主要癥結在於每個人對訊息的接收程度或理解程度都不盡相同，所以，雖然大家都同時在場，但卻很有可能會因為下列因素產生不同的落差：

一、有人沒抓到重點。

二、有人會錯意或聽錯。

三、有人因為層次和經驗火候還不夠，沒能聽出弦外之音。

四、有人在準備資料的過程中遇到困難，卻因無法拿到關鍵素材的資料，就以他自己的方式解決問題。

這是工作上最常見到的狀況：同一場會議或簡報下來，每位與會者接收到的重點或訊息難免會有落差。所以，最好的做法就是：和客戶開會後，主管應該即時和所有與會同仁一起確認會議上的關鍵要點，確認每位同仁都接收到一致的訊息，並指示、分配下次會議資料的準備方向，讓以上可能造成錯誤的因素，能夠預先完全排除或降到最低，自然對客戶也能做到百分之百的服務。

常見錯誤九：慣性理論

某原廠因為拜託業務A君幫忙多進一點貨，於是允許這筆訂單的付款從月結三十天延長為六十天，A君認為所有資料都備註得非常清楚，就沒有特別去提醒助理小雯，結果，小雯也忘了應該再次提醒或特別註記，讓財會單位注意到這個轉變。於是，財會單位也就沒有一一確認細項，還是依照過去月結三十天的付款慣性處理，等A君發現時，公司款項已經匯出。

結果，工作不力的失誤來自於慣性。人們通常都會依循過去的習慣行事，所以無論你是位於哪個部門，一旦有特殊需求或條件產生（與公司規定或過去習慣配合方式不同），千萬不要以為對方會知道或會注意到文件上細節的變化，一定還要事先針對每個環節親自確認與特別提醒，否則大家很容易就會根據慣性，繼續照平時或過往的作業方式來執行，而忽略掉該注意的細節變化。

常見錯誤十：以為別人會去做

平日都是A君協助製作貴客蒞臨公司參訪的歡迎立牌。這一天，A君有事請休假，負責安排貴客參訪事宜的同仁直接將訊息郵件傳送出去，沒注意到A君請假，也沒有再次和A君確認，直到參訪當天，發現沒有歡迎立牌時，已經來不及製作了。

結果，工作不力的失誤來自於「以為別人會去做」。大家都假設別人應該會如何如何，結果太多的「假設」和「應該」，卻沒人有任何動作，當然無法克竟全功，還常常會因此讓之前大家花費的心血和努力付諸流水。

或許立牌的事件還讓大家感受不那麼深，同樣的錯誤如果放在下列事件中，你一定會覺得和「顧門口的名片」一樣有點誇張，但卻是事實。某家企業在一次中階主管徵才面談會議上，該公司董事長與兩位副總經理在眾多新人當中，決定錄用B君，並在面談會議上明確告訴B君，請B君先報到，再決定效力的單位。

到了新人應該報到的當日，人資單位發現B君並未前來報到！事後，探查B君為何沒來公司報到時，才赫然發現：結束面談後，竟然沒有人（或單位）寄報到通知單給B君。

原來，與董事長一起面談的兩位副總經理，都以為自然會有人通知B君前來報到，所以新人面談會議後，沒有再交代人資單位，也未進行後續追蹤，少了一個「確認」的動作，就讓前面諸多同仁與主管費時費力，萬中選一的人才流失了。所以請大家務必秉持雞婆（熱心）的態度，寧願多確認一次，也不要沒有任何動作，以至於缺了這臨門一腳，就讓事情落空或停滯不前，也讓自己和其他人的努力成空。

常見錯誤十一：自作聰明

友尚的標誌（logo）原本是實心的設計，重新調整企業識別系統時，改為中間鏤空的設計。就在企業識別系統調整後不久，正逢某區域辦公室裝修，負責監工的A君拿到完整的設計圖檔後，迅速地如期完成裝修工程，並請我到新辦公室視察裝修成果。

一進門，我就看到接待櫃檯上錯誤的友尚標誌。我問A君：「設計圖明明是鏤空的，怎麼又變回實心的呢？」

結果，工作不力的失誤來自於執行者自作聰明。原來，A君自以為是設計圖有誤，所以並未向相關人員「確認」，就自作主張地將新的鏤空設計標誌又改回舊有的實心設計，讓原本對的事情又出包了。

以上所列十一種工作上常見的錯誤，往往是最容易導致工作無法有效執行的主要問題所在。在工作職場上，諸如這類的事情總是層出不窮，不斷發生，有時並非別人要故意騙你或有意耽擱，只是當事情交代出去之後，經過一層一層傳出去的眾多環節中，誰都不知道會在哪個環節出問題，或是因為傳遞失真，或是因為聽說，或是因為假設如此，也或許是因為認知不同……等，因此，我們才更應該要提高警覺，從自身開始做起，對所有負責或經手的事情，隨時做「確認」，在有時間修正時，能即時找出失誤、及早修正，避免產生不必要的遺憾。

從觀念迷思中強化「確認」的能力

除了工作中常見的錯誤之外，還有許多造成工作不力的癥結，是來自於自己不正確的觀念和心態，特別是面對主管或老闆時，許多原先可能不會發生的狀況，都在這些迷思中，不自覺地做出不正確的決定，絆住了自己的工作成效。以下，就讓我們將這些常見的迷思找出來，面對它、克服它。

常見迷思一：妄自揣測主管想法、悶著頭苦幹

對於擔任秘書或行政工作的同仁，我經常會在工作進行之初，提醒他們務必「確實了解工作內容後，再去努力完成」。就像我交代秘書打一篇文章時，我就希望秘書能夠先看懂文章內容，確認裡頭沒有看不懂的字以後，再開始進行。千萬不要尚未通篇了解或是讀順，甚至也不管內容是什麼，就悶著頭拚命苦打。做事做不對，速度再快，工作效果也是零。

為了避免做白工又浪費時間，當你對於主管交辦事項有不清楚或疑惑的地方時，建議你：

一、一定要即時反映，向主管確認：如此不僅會讓主管對你留下好印象（因為除了

代打以外，你也可以扮演好專業秘書的工作），也可透過這個程序，協助主管再次確認是否有誤或是疏漏。

二、看完所有交辦資料後，再將有問題或疑惑的地方圈出來，一次請教主管：避免看一段、問一段，斷斷續續在同一份資料上打轉，才能讓主管對你做事細心並有方法的態度，再次留下專業、具發展潛力的深刻印象。

常見迷思二：中途遇到困難時，未回頭確認

這通常都在接收到主管交代準備資料或報告時發生，情況可分為兩種：

一、當主管交代A君在某日之前要完成交辦的表單資料，A君也說沒問題。到了前一天，當主管請A君將交辦處理的資料拿來檢視是否有需要增減時，才發現A君只弄了一點點。主管問A君怎麼回事？A君表示，因為他不太懂表格的涵義又不好意思問（或是因為沒碰見主管沒辦法問），所以擱置不前，不知道該怎麼做，以至於無法如期完成主管交辦的任務。

當你對主管所需資料的格式定義不清楚時，建議你，一定要事先詢問清楚，千萬不要勉強裝懂，或是不好意思問，因為主管並沒有全程參與，實際執行的人是你自己。再者，執行過程中，若是發生任何狀況或有不明瞭的地方時，應該要回頭和主管再次確認，讓主管了解你的執行困擾，經過充分溝通，調整後再繼續執行，才是正確的做法，也才不會因此耽誤了重要的事情。

二、當主管僅以口頭交代你在某日之前提出分析報告，實際上並沒有提供你任何參考表單或文件時，建議你，應該盡快定好表單格式，先和主管確認無誤後，再繼續完成交付事項，才能避免在花了很多工夫後，主管卻說：「這不是我要的。」因為一旦前面沒搞清楚方向或重點，後面做再多也都是白工。相對地，當某些工作必須確認細節內容時，我也會要求執行同仁先把表單的表頭做好，並將表頭項目內容和我確認清楚之後，再往下執行填寫內容與細節作業，這樣工作才不會有太大落差或問題產生。

常見迷思三：以為發問會惹人厭或顯得笨拙

一直發問是不是會讓主管覺得我很囉嗦？一直發問會不會造成主管覺得我很笨拙的錯誤印象？這是許多人錯誤的迷思，事實上，與其悶著頭做錯或是耽擱交付的工作，常常提出疑問請教、正確無誤地完成交付工作的你，反而會加深主管的印象，覺得你是個細心又可靠的團隊成員。

萬一，主管交付給你的表單文件是來自於董事長、總經理或是副總等高階主管時，當你遇有疑惑或困難，除了應該立刻請教你的直屬主管外，如果你的直屬主管也無法解決時，為了爭取時間和效益，建議你，不妨向主管報告後，直接請示董事長、總經理或者副總（文件或表單交辦者）。當然，在得到高階主管釋疑後，也不要忘記同步知會你的直屬主管。如此當可讓主管們對你的專業和團隊精神都留下深刻印象。

常見迷思四：等著老闆做決策

主管A君正在和原廠洽談新年度的合作協議，他將原廠條件向老闆報告後，一連數日都未接到老闆任何指示，雖然有時效上的壓力，但是，他還是沒有採取進一步動作，因為他想：「我還是等老闆決定再說。」結果，讓事情擱置不前，甚至還延誤了重要合作案的進展時效。

事實上，解決問題、避免讓問題功虧一簣，本來就是幹部的責任，不論你是負責業務或是行政，也不論你是基層主管或是高階主管，即使老闆暫無指示，你也應該在職權範疇內，視實際情況提出幾種建議方案，主動呈給老闆才對，而不是將問題丟給老闆，等老闆決定才採取行動，應該積極做一位「現代管理學之父」彼得．杜拉克（Peter F. Drucker）所倡導的「知識型員工」才對。杜拉克說：「不管一個人的職位多麼卑小，只要具有明確的職責概念，對自己的績效負責，他就是一位高階管理人員。」

常見迷思五：以為過度打擾主管不好

A君將某份文件呈給主管後，一直沒有下文，A君也沒有積極跟催提醒，直到有一天，主管再度想起這件事，詢問A君時，已經過了時效，主管很生氣，A君卻覺得很委屈，覺得這問題錯不在自己，是主管造成，你也這樣認為嗎？事實上這是錯誤的想法，因為：在期限內完成該做的事是你的職責，不是主管的。

一般將文件或計畫呈給主管後往往沒有下文，大都脫離不了下列三種可能性：

一、主管忙，不便打擾：有可能是你想請示時，見到主管正在忙就不方便打擾。

二、主管請你有空再來：當你找主管時，主管告訴你他還在忙，等他有空時再來找他，結果你也沒有積極再去找他。

三、總不能老是提醒主管：催促多次後，你可能見主管仍無回應也就不敢再打擾，這件事當然就被擱置了。

但是，不管是上述哪一種狀況，都不應該是案件可以被延宕的理由，就算主管再忙，你也可以透過電子郵件、書面文件、手機簡訊，甚至是便利貼等工具，設法適時地提醒主管，讓他更容易注意到。

切記，每個人的時間有限，尤其是主管或更高階主管，所以，你必須主動積極才能爭取到主管有限的溝通時間，得到自己想要的結果，千萬別以為一而再、再而三提醒主管會讓他印象不好，只要是針對事情，主管反而會更欣賞你積極解決問題的態度。

常見迷思六：以為主管會忘記或不再催你

主管交辦A君某件事情，由於不是例行公事，並沒有明確的完成時間。交辦後的一兩週期間，主管也都未再提起，A君以為主管忘記了，應該不會再催他這件事情了，所以也就沒有做任何動作。不知過了多久，某一天，主管突然問A君：「我交辦的事情怎麼樣了？」屆時，A君再急著想處理，往往就太慢了。

以我個人而言，只要我交代出去的事情，我一定會去追，雖然什麼時候去追不一定，但我常會和同仁說：「你不用懷疑我會漏掉，如果你沒有任何進展或主動報告狀況的話，我一定會回頭追你。」

你一定要記住，當主管交辦某件事情時，必然有他的用意和想法，或許不是眼前就急迫地需要答案，所以一時之間，他不會催你，但是並不表示這件事已經終結，或許他認為應該給一段時間去處理，或許有其他更急迫待辦的事情要處理，一旦忙完手邊工作或是出差回來，他就會轉回頭關心交辦事項的進度。切記，只要主管有交代，就一定要有所回應，別等主管找上門來追了，才懊惱不已。

事實上，不只是主管，建議你不論是主管、客戶或是原廠交辦的事情，也不論他是否有催你或給你期限，你都應該要養成正確的做事方式：隨時和你的相關人更新進度、主動回應，不要等完成事件或期限截止時才報告。儘管一時之間成效不大，或是尚未完成，都應該要定期更新進度、主動回應並向主管、客戶或原廠報告目前的執行進度、困難，讓他們了解狀況，同時他們也可能會依據你的進度給予新的訊息和指示，否則等到主管開始追這件事情時，你當然會被修理！

常見迷思七：以為主管的話是不能變的聖旨

主管拿了一份列有五百家客戶的名單，交辦A君進行市場調查，A君初步調查了一百家客戶之後，他發現，這份名單其實是一份無效的過期名單，但是因為是主管交辦的，便硬著頭皮繼續做下去。事實上，這是不正確的工作態度和觀念，我常鼓勵同仁：「做事情要有懂得『喊停』的勇氣和專業智慧。」雖然主管交代你這樣做，但是：

一、如果執行後發現進行下去沒有太大意義，只是徒做虛工的話，請大膽建言主管放棄！

二、如果你手上還有更重要的任務尚待完成，應勇於向主管說明，爭取更多的時間，萬一主管交辦的事項，是具有時效性的案子，時間上不能拖延，主管也能了解狀況，提前調度人力。

三、如果執行過程中遇到困難，或有更好的方式，應即時向主管建議，改以另一種方式進行。

切記，主管也是人，只要你是以「達成工作目標」為前提的情況下，向他請益、確認，一般都會非常樂意且欣賞你勇於任事的態度。更何況，最後的工作成效還是會如實反映，如果你不敢或不好意思打擾主管、悶著頭幹、妄自揣測地做，一旦方向錯誤，做再多、再努力，你的工作成果都不會加分，就像管理上「阿什法則」（Ash Law）所強調的：「承認問題是解決問題的第一步，你愈是躲著問題，問題愈會揪住你不放。」有時，還可能因為你的延誤，產生負分效應（比如說錯過可以修正的時間、讓可能的商機跑掉、影響到主管的計畫等）。

與其如此，還不如破除自己觀念上的迷思，培養隨時確認的習慣，一旦遇到問題便適時向上反映，並透過上述一些技巧和主管再次確認，如此，不但可以展現你的執行力，也才能一次又一次累積你個人在工作上的信用存摺。

掌握「確認」兩大原則，勇於修正錯誤和迷思

我發現，常見的錯誤似乎比較容易修正，只要多注意、多練習，慢慢就能拿到好牌，但是觀念上的迷思卻必須要靠自己的決心和勇氣，與經驗、職位高低較無絕對的關係。

最近，隨著核心價值「多一小步優質服務」理念的推動，我們決定將一些同仁的成功案例放到公司入口網站上，透過網站心得分享模式，啟發更多同仁學習。為此，負責規劃的C君特別設計了類似「按讚」、留言等較活潑的互動功能，希望讓大家更具參與感。我覺得這樣的想法很好，但是只為了單一目的，似乎有點可惜，於是找來主管A君，提醒他：「你既然決定花錢做這樣的網站，或許可以再多想一下，除了心得分享之外，公司現有的產品經理動態資訊、應用軟體教學等等許多與知識分享相關的東西，都可以整合進來，運用『按讚』的功能。」

這件事隔了許久都沒有更進一步訊息，有次剛好在會議上碰到C君和幹部B君，就順口問他們：「你們網站有再重新討論嗎？現在的定位已經不是只針對心得分享了喔！」C君回答說：「我知道，B君有告訴過我，目前我已經拿到資訊部門針對心得分享按讚第一階段的初步設計……」我打斷他的話，因為聽起來，似乎已經偏離原來主題。於是，我問他：「你們討論大架構了嗎？」C君說：「還沒有。」我疑惑地問：「大架構都還沒討論的話，那麼，資訊部門要怎麼去啟動？」幹部B君急忙補充說：「上次曾跟資訊部門討論過，希望按讚等功能能夠變成是一個工具而不是一個系統，資訊部門說這樣的技術不可行，所以目前只能一個一個來撰寫程式，先談心得分享，再談動態資訊，再談……。」

原來，他們全都弄擰了我的意思！我說：「你們可能方向都搞錯了，其實，這些內容的性質都一樣，動態資訊是一篇文章，心得分享也是一篇文章，應用軟體教學也是一篇文章，基本上，系統的框架都一樣，只是放的內容不一樣而已。為什麼你們會想得那麼複雜，還要各別寫程式？」B君說：「因為當初我得到的訊息是：要在心得分享、動態資訊等單元上，分別有可以按讚的機制，所以才會……。現在，我知道意思了。」

仔細檢討整個過程，我們可以發現最主要障礙工作成果，讓A君到C君無法做出好決定的關鍵在於「確認」上的迷思，比如說：

一、**「妄自揣測主管想法」、「以為發問會惹人厭或顯得笨拙」**。或許主管A君一開始就沒真正理解我的建議和想法，卻又不好意思發問，以至於往下交辦時，訊息就不精準。

二、**「中途遇到困難時，未回頭確認」、「以為過度打擾主管不好」**。幹部B君接收到訊息之後，雖然在執行過程中遇到困難，也沒有再回頭向主管A君反映並再次確認。

三、**「以為主管的話是不能變的聖旨」**。負責規劃的C君應該最能掌握執行細節與專業技術，或許也在「主管的話是不能變的聖旨」迷思下，未能即時從自身職務上研議更好的方式，向主管建議其他方案。

這些迷思讓A、B、C三人在整個執行的過程中，都沒能再回到終點站（老闆）做確認，最後整件任務也因為「傳遞失真」被卡住而窒礙難行，雖然做得很辛苦，團隊和資訊部門也極力排除障礙，但是方向錯了，做再多也是錯的，不但徒勞無功，還浪費了公司許多人力、時間資源。

究其因，最大問題還是在於主管A君的迷思，讓他在一開始傳達老闆指令、往下交辦任務時，就讓整件任務方向產生了偏差，所以說，不論是幹部或是一般同仁，都應該養成隨時確認的習慣，才能夠落實執行力，展現行政效率，而不會讓自己或團隊的努力形同虛工。換言之，如何破除「確認」的迷思是在職場上，每個階層、每位同仁的必修課題，唯有人人都從自身做起，建立起正確的工作態度和觀念，才能降低在工作環節中不必要產生的漏接球。

從上述許多案例與分析之中，相信你已經注意到了，基本上，進行「確認」時只要掌握住下列兩項關鍵，就能讓你的工作成果不再被許多臨時、突發的狀況，衝擊得七零八落。這兩項關鍵原則就是：

一、即時確認（Real-time Checking）：將事情交代出去或接到事情之後，都必須隨時、即時地確認，切勿等到最後一秒鐘才發現錯誤。

二、閉環式確認（Closed-loop Checking）：除了隨時、即時做確認之外，還必須記得確認最後的「終點站」，唯有這樣閉環式的確認，才能循環檢視、糾錯，確保應該被傳遞或執行的業務能夠順利達成目標，不會在中途有所閃失。

當然，如果你可以愈早注意到這些錯誤的問題，愈早面對自己觀念上的迷思，對你未來職涯發展絕對有加分作用，因為「確認」要求的學問真的不大，只要能「確實做到」即可。

特別需要提醒自己「確認」的工作地雷

或許大家會覺得要克服以上的錯誤和迷思並不困難，基本上也應該是如此，逐條來看，這些都不是什麼大學問或太難的技能，但是往往工作上的不定數就是不會如此單一，常常一個閃神，就狀況連連，所以在這個單元要特別提醒大家，若是你所負責或經手的事情正處於下列情境者，你務必要親自盯著，確實做到「確認」，避免團隊漏接球後，發生不可收拾的狀況：

地雷情境一：付款、合約、額度相關的特殊條件或需求

通常與款項、合約或生意（通路業沒有額度就沒有生意）相關的特殊條件或需求，都是很敏感而重要的關鍵，絕對不容許出錯，否則就會非常麻煩。因此為了降低可能出錯的風險，就必須要特別提醒自己將「確認」的神經鎖緊。

比如說，為了配合客戶急單需求，某一批貨可能是調貨來的，也可能是毛利特別低，也有可能是因為某種關係所談好的特殊付款條件等種種情形，因為進貨情況較為特別，所以對客戶的收款條件也可能另有協議，或許客戶也樂意採貨到付款的模式應急，於是，就會與過去雙方固定的交易模式，或公司系統上標準的月結天數條件不同，遇到這種特殊狀況的付款，如果你是負責處理協商的主管，那麼你該做哪些相關的確認，才

能讓事情順暢到位？

一、交辦給業務同仁，並特別叮囑業務同仁相關變動的注意事項，避免打單錯誤。

二、同步思考這個協議在執行過程中還會經過哪些作業程序、影響哪些執行者例行作業？比如說：負責貨物調度的產品經理、負責訂單處理的業務助理、負責催款的財務部，甚至倉儲作業單位等。

三、將相關名單交給負責業務同仁，叮囑他打單出去之後，務必要再與相關部門經辦人一一確認與提醒，不能只打單出去就算完事。

四、最好，還能同步交代業務助理，提醒業務同仁確實執行過程中所有「確認」的動作，透過二道鎖多少會比一道鎖更有保障，避免出錯。

為什麼要如此一再確認與提醒？因為一旦有特殊條件產生，若不能事先針對每個環節親自確認，那麼，很容易就會受到慣性的牽引，在某個環節中出錯，一旦等到發生問題再來責備、抱怨，都將於事無補。當然，身為主管的你，除了叮囑業務同仁之外，也應該在過程中不時重複確認，讓自己成為第三道鎖，才能讓事情確保沒有誤差發生。

除了特殊收付款外，與合約、額度相關的作業，也要特別留意，落實「確認」：

一、與合約相關的檢視調整：比如說去年已經簽過，今年重新簽約時，往往因為想當然耳的「慣性理論」，就不再去仔細審查條約文字是否有所差異，這就是很危險的工作地雷。

二、與額度相關的問題：或許你覺得這家客戶以前合作時的信用很好，但是你可能不清楚在這段合作空窗期，這家客戶的狀況已經大不如前，這幾個月期間開始產生營運虧本、貨交不出來等狀況，如果你沒有重新再仔細審視，資訊沒有即時更新，還是憑著過去習慣性的認定做事，就很容易產生誤判，踩到地雷。

地雷情境二：跨部門作業

跨部門作業或多層環節作業，也是最容易產生漏接球的狀況，因此一旦身處此情境中，你就必須特別提醒自己，寧願多做一步確認，也不要讓事情因未做到確認而功敗垂成。

高階主管A君向我報告，某家新供應商下了五十萬美元的訂單之後，希望我們能在第二季結束前，再多下二十五萬美元，目的是為了達到他的業績要求。

我想，這訂單早晚都是要下的，只是將貨早點拉回來而已，對公司還不至於有太大的影響。於是，我同意了這件事。但是，我交代A君，不能無條件的答應，一定要設法和供應商協商，透過這件事替公司爭取到最好的條件（比如說庫存利息、利潤、換貨、付款等相關調整）。最後則交代他，協商後，再來向我報告彼此談判的情況。

後來，A君向我回報協商結果：五十萬美元與二十五萬美元訂單的付款期限，可拉長為三個月來支付（分別是第一個月二十五萬美元、第二個月二十五萬美元、第三個月二十五萬美元），如果有價差的話，也可以補差價或者換貨。

「你這次的協商結果很不錯。」我聽完A君報告後，一方面讚許他，另一方面也提醒他：「接下來，你還必須要親自確認，確認所有相關部門或負責同仁都已經注意到這次的特殊付款或需求，才能讓你千辛萬苦爭取而來的條件，可以確實執行無誤，否則就做白工了。」

以這案例來看，當A君確認協商條件將會改變付款條件時，他應該同步聯想到：

一、先通知財會單位這筆訂單要特別處理：該供應商過去付款方式都是月結三十天，如果後續沒有特別再知會財會單位，此訂單要特別處理，他們很可能就會習慣地按照過去的付款條件付款。

二、知會助理在整理每月付款資料時，這張訂單要特別送給自己簽核，再決定是否付款，因為有可能為了因應當時市場狀況，必須重新協調換貨或補差價等，屆時，如果貨款已經付出去，就很難再談了。

唯有所有相關部門或經辦人員都清楚無誤你的需求後，才能讓後續執行順暢。為了徹底落實這一點，只有你親自做好「即時確認」及「閉環式確認」後，才能確實掌握，也才能確保你個人對外的信用存摺。

我想這是所有通路服務業常常會碰到的情況，在每個月或每一季結束前，很多供應商都會提出類似的需求，因此，身為業務主管或產品行銷主管的你一定要特別留意「訂單細項名目是否受到特別約定的保障？」「有無附帶換貨、跌價損失等備註」，舉凡特殊條款或需求都要格外注意，才算是完整做好接單動作，除此之外還必須注意跨部門的知會與提醒，盡量避免產生各自解讀的情況，才不會掛萬漏一，徒增懊悔。

地雷情境三：「卡」在主管身上

某次，行政單位擬訂了一份投稿獎勵辦法，經過行政簽核後，最後簽到我這裡，我看了一下簽呈內容，對於獎勵的方式有些看法，因此沒有立即批示，想找個時間與行政單位再來研究可行方案。

當週由於公務在身，無法抽出時間來，便要求行政單位的主管C君能在下個星期再提醒我這件事。但是，數個星期過去了，我卻未見行政主管C君再來找我。後來，我問他為什麼沒來找我，他說：「每次來找董事長時，都看到你在忙，不便打擾，所以一直沒機會和你談這件事。」

我聽了很難過，因為這不應該是案件被延宕的理由，而且，停滯過久的案件，也容易導致辛苦企劃此專案的基層員工失去信心，連帶影響日後的工作效益，影響層面廣大，也不是老闆或主管所樂見的。或許在職場上，案子被壓在主管那兒，是大家最討厭也感到最棘手的情況，萬一過了時效還可能會被主管訓斥，很多人為此可能感到不平或委屈，這都是沒能體認到自己在工作職場價值所產生的情緒。

事實上，不論職位大小，每個職務都有其不可取代的專業和責任，所以，當案子「卡」在主管身上因而被延宕時，嚴格說來，並不能全歸責於主管，部分關鍵仍在於你。你正確的做法是：

一、體認到「做好這件事是你的職責所在」。解決問題、避免讓問題功虧一簣，本來就是幹部的責任，不論你是負責業務或是行政，也不論你是基層主管或是高階主管。

二、主動詢問、不斷向上「確認」，直到答案出來為止。當一次、二次催促沒有結果後，千萬不要妄自揣測主管想法，應該繼續主動積極地設法請示主管，經過第三次、第四次再催促時，主管也會不好意思，一定會忙完手邊的事情後，優先處理此案。

三、凡事主動積極，並運用工具提醒主管。通常愈高階的主管所要面對的單位、人和事情就愈多、愈繁雜，所以你除了要不斷主動向上「確認」外，還可以透過電子郵件、手機簡訊、書面文件，甚至3M的便利貼等工具，設法適時地提醒主管，讓主管在轉身處理其他事物後，很容易就知道還有這一件事需要盡快與你回應。

相對地，身為主管者，也應該重視同仁從外界得來的各種訊息，舉凡屬下呈上的報告都應該予以重視，不要敷衍瀏覽後便草草了事，輕易扼殺同仁辛苦得來的成果。

地雷情境四：曲解上意、揣測上意、不敢反映

這是最不好的一種作業迷思，卻也是在工作職場上很容易發生的狀況。記得前幾年某次會議中，我與管理部同仁及一些業務部高階主管們開會檢討招募流程，主要針對招募人才速度太慢、錄用人員素質不足，以及流動率過高三項議題做檢討，藉此找出比較理想的招募做法。

會議中，我以「人才面談應該由上往下才能找到人才」的觀念，告訴大家：「經過人資初步篩選後，就應該從高階主管開始面談，高階主管覺得沒問題，再往下繼續，為了爭取時間，高階主管不在時，也可請策略行銷部高階主管代為面試。」

本以為會議中已經溝通得很清楚了，不料會後管理部擬出的招募辦法，卻出現了一條：「面談會議一定要經過策略行銷部主管或是其主管指定的人員參與。」不但曲解了我的原意，實際執行時也會有困難。

我拿著這份辦法問總經理：「你不覺得這份《人員招募作業管理辦法》不妥嗎？」總經理聽到我這麼問，馬上說：「呈上來時，我就覺得這辦法不合理，策略行銷部主管哪有時間參與所有的面試，這樣會不會反而讓人才招募作業面臨更大的瓶頸？所以，立刻將這份簽呈駁回，請他們再確認。」

我繼續追查這中間究竟問題出在哪裡？為何這份辦法被總經理駁回後繞了一圈還是錯的，未能即時修正？原來，管理部承辦同仁在辦法被總經理駁回之後，回頭向策略行銷部「確認」，等第二次再上呈時，除了告訴總經理策略行銷部可以完全支援這套辦法之外，還告訴他：「董事長的意思是希望這樣設計的。」於是，這份曲解我原意的《人員招募作業管理辦法》便通過層層簽核，最後來到我手上。

後續我又約談了管理部的同仁，才知道當時設計這份辦法的管理部同仁，心裡面也都曾質疑這樣的辦法是否合理，覺得執行上會遇到瓶頸，但是第一時間卻沒有人敢來找我確認，或是提出其他建議方案，所以，辦法擬定後就直接上簽呈。其結果當然是與實際需求背道而馳。

從這案例背後，還反映出兩種心態：

一、董事長自己會確認：中間各級主管都認為這是董事長交代的，所以董事長自己會確認，便忽略了自身「再次確認」的權責，輕易讓辦法簽核過關。

二、害怕直接向董事長反映：我相信他們當中應該也有人覺得不對，低階同仁不敢找我反映，或許是因為恐懼老闆的心理，這還情有可原，難道中間各級相關主管也因為恐懼心理，所以沒有人反映或直接找我再次確認？

無論是上述哪一種情況，都讓我覺得比事件錯誤本身更讓我憂心，企業組織中，之所以分層授權，就是要建立分層負責的機制，從不同高度和角度確保行政品質並提升執行效率，任何狀況下，都不應該把自己當成簽核流程中的橡皮圖章，才對得起自己的專業，對得起組織賦予你的權責和使命。

所以，一旦當你曲解、揣測上意，而不敢反映時，不但會讓自己的努力幾乎沒有成效，還會因此虛耗時間，徒增組織困擾（這一步不正確，下一步就無法順暢執行）和降低整個團隊的執行力，看似小事卻對組織效能影響很大。

換言之，如何養成正確的工作態度和觀念，不但對提升組織貢獻有幫助，其實對自己職涯發展助益更大，唯有如此才能展現出你的專業素養，讓高階主管看到你的亮點。

切記：

一、回到終點站「確認」，避免傳遞失真。所有「確認」的工作都不要忘記回到終點站（直接負責的人或單位）進行再次確認，以確保已經百分之百地掌握原意，沒有誤差地完成工作。

二、不要悶著頭工作，開頭就必須先確認清楚再執行作業，方向才不會偏頗。當你對長官傳達下來的命令或指示有不了解的時候，請勿自行揣測，悶著頭做；或是當你認為可能在執行作業時會遇到瓶頸，可執行性低時，不要怕，應該立刻向上反映，將你的考量提出請主管裁示。

三、學習「確認」是所有工作順利執行過程中最重要的基礎。許多看似容易的問題，往往也會因為在多層環節、不易掌握的情況下失真，所以只要你遇到問題或對事情決策有所疑惑、不清楚的地方，就一定要有追根究柢的精神，並透過「再次確認」或多方「確認」找出正確的資訊和答案。

四、勇於提出執行建議，別讓主管一意孤行。一般來說，當主管或老闆提出某些構想時，有時候可能還只是一個概念，並不周延，但是卻有許多人會礙於是主管或老闆的想法，即使在執行上有困難或可能產生負效果，也不敢提出不同的意見，習慣當Yes Man，結果或因窒礙難行不了了之，或因效果不彰，與原意有落差。其實，這些都不會是企業主管或老闆所希望看到的。所以，建議各位遇到類似情境時，應該站在你的職責上，勇於提出不同的意見來提醒主管或老闆：這樣彼此之間才會有互補加乘的效果，決策執行起來，不僅可以提升執行效率，也不會與原先擬定決策的美意相背離。

萬一，當屬下並沒有曲解、揣測上意，而是上級的決策確實有窒礙難行之處，我建議大家能秉持下面原則因應：

一、身為屬下的你，當感到主管決策窒礙難行時，一定要勇於反映。當你依過往執行經驗或各方面的反應中，感到上級的決策窒礙難行時，一定要有勇氣站在自己的崗位上，把自己的立場以及感到不可行的理由，清楚地向上級表達與說明，經過這樣清楚的溝通後，如果上級還是非常堅持，再依主管指令執行，才能無愧於自己的工作，所以，一定要有反映的勇氣。

二、身為主管的你，應該欣賞屬下勇於提出不同建議時的勇氣。當屬下站在他的職責專業上，對你的決策提出不同意見時，你應該靜下心來聽取屬下的建議，並重新審視決策的可執行性和周延性，當然，更重要的是：嘉許和欣賞屬下堅守職責的勇氣。切記：當你的屬下都能站在他們的職務專業上，勇於向你表達不同意見時，顯示出你平日就具有容納百川的胸襟和作風，是一位真正的好主管；相對地，如果屬下都只會附和及跟隨時，你其實並不是最好的主管。

「確認」心法：做事要在無疑處有疑

事實上，在日常作業中，**許多看似簡單的小事之所以一再出錯，都是因為「確認」的動作做得不夠務實**，請大家千萬不要掉以輕心，**唯有務實的「確認」才能展現執行力**。基本上，所有的工作都不外乎下列三原則：

一、在開頭就必須先確認清楚，再執行作業，方向就不會偏頗。

二、工作的過程當中，若能夠持續注意、進行確認，那麼就有機會修正問題。

三、最後，所有「確認」工作都不要忘記回到終點站（直接負責的人或單位）進行「再次確認」，以確保已經百分之百沒有誤差地完成工作。

記得，**做事須在無疑處有疑**，永遠假設會有問題，隨時「確認」，不要等到最後一秒鐘。反之，**對人則要在有疑處無疑**，要絕對信任。

好主管會這麼做

一、身為主管，更應該要養成隨時「確認」的習慣，不論是對自己，或是對夥伴的工作，都要確實要求進行開頭、過程中與終點站三段式「確認」。

二、交付工作時，方向應該明確，當遇有必須確認細節內容的報表、文件等工作時，也應該先協助屬下將表頭、格式確認後，再往下執行。

三、工作交付後，若是屬下有所疑惑或是執行中途遇有困難向你反映時，你不要覺得很煩，反而應該更細心、耐心地告訴他、指導他。

四、當屬下執行後發現效益不大，建議放棄或是有更好方案建議時，你應該以雅量和鼓勵的態度，仔細聆聽，做出正確指示。

五、會議上，若是上級主管、客戶或原廠有交辦事項時，會議後，身為幹部的你都應該和負責執行的屬下再次溝通、確認，避免因為大家對資訊接收和理解程度的不同，造成錯解或漏掉關鍵項目。

第二章

步驟思考——先思考，再行動

有時，我們急著學習做事的技巧，不如先學習「思考做事」的方法。與其悶著頭做事，不如先行「思考」如何做事才能達到最佳效益。同樣一件事情，往往會因為做事的步驟或程序不同，導致截然不同的結果，這就是所謂的「步驟思考」（Step Thinking）。

就以三國著名以弱勝強的戰爭「赤壁之戰」來看，中外許多軍事專家都在考證，有人說是因為東吳戰術得當，善用火攻；也有人說是曹軍得了血吸蟲病，水土不服。但是其中最具關鍵性的原因，恐怕還是曹操誤殺了蔡瑁、張允兩員大將。

西元二〇〇年「官渡之戰」後，曹操已平定北方局勢，於是將矛頭指向南方，準備完成一統天下的野心。雖然曹操的子弟兵多來自北方，不善水戰，但是在攻打荊州的時候，荊州不戰而降，不但讓曹操保存了實力，更收服了兩員大將：蔡瑁和張允。蔡瑁、張允精於水戰，對江南地形、地勢更是十分熟悉，又是一班荊州降將的領袖，有他們兩人主持水軍，曹操自然有恃無恐。

相對地，蔡瑁、張允的存在，對當時抗曹聯軍的統帥周瑜來說卻猶如心頭大患。

某天，曹操派遣和周瑜曾有同窗之誼的蔣幹南下勸降周瑜。周瑜聽到蔣幹登門造訪，突然靈機一動，心生一計。吩咐上下準備盛宴，熱情地款待蔣幹，但是只要蔣幹一露出想要勸降的態勢，周瑜就巧妙地迴避掉。

蔣幹心想勸降無望，便向周瑜告辭，不過周瑜反倒熱情挽留說：「蔣兄，我們以前可是室友，今天一定要重溫舊夢，同睡一張床，好好聊整晚。」蔣幹盛情難卻，只得答應。沒想到喝醉的周瑜，一回到床上就倒頭大睡，不但鼾聲如雷，而且睡相奇差，讓蔣幹徹夜難眠，只好在周瑜帳中東瞧西看打發時間。

忽然蔣幹看到桌上有一封信，上面寫著「蔡瑁、張允謹封」，蔣幹大吃一驚，偷偷打開一看，上面寫著：「周瑜大人：我們投降曹操，不是貪圖榮華富貴，而是情勢所逼。現正等待時機，一有機會，便將曹操斬首。」蔣幹看完內容，心想這可是大消息，一定要趕快回去通報曹操，於是將信偷偷收入袖中，連夜躡手躡腳地偷偷回到曹營，把蔡瑁、張允預謀叛變的消息告訴曹操。

曹操看信後，立刻將蔡瑁、張允招來，說道：「我要你們兩人現在立刻領軍攻打東吳。」蔡瑁、張允回答：「但……但是水軍還沒有訓練好啊，大人。」曹操一聽大怒道：「等你們訓練好，我的頭早就不見啦。」隨即叫左右把蔡瑁、張允推出去斬了。等到小兵把蔡瑁、張允兩人的頭顱送進營帳中，曹操這才省悟，中了周瑜的計，卻已經無可挽回。

曹操如果懂得「步驟思考」，歷史將可能改寫！

在這則經典的歷史案例中，我們可以看到曹操犯下了兩個致命的錯誤，為何曹操會犯下這致命的失誤？究其因，主要還是在於「面對人」和「面對事情」時的思維邏輯和程序，一旦「步驟思考」亂掉了，就算雄才大略如曹操，也會影響到目標的推進與達成：

一、缺乏「面對人的『步驟思考』」，才會「相信外部流言，而不相信自己」。蔡瑁、張允投誠曹操的初期，曹操對他們兩人想必也是非常信任與看重，否則不會任命他們統領南征水軍，但是卻因為來自外部一則未經證實的敵軍流言，就輕易地將自己倚仗的大將斬首，完全是沒有想清楚「先相信內部，後相信外部」的思維順序，才會亂了方寸，犯了無可挽回的錯誤。

二、缺乏「面對事情的『步驟思考』」，才沒能清楚確立問題的關鍵與行事步驟。

曹操在軍力上雖有絕對的優勢，但是欲統一南方，進軍東吳，最欠缺的就是熟練水戰的將士，以及荊州投降軍民的忠誠度。蔡瑁、張允兩員大將正可以彌補曹軍這方面的不足。所以就算是真的懷疑蔡瑁、張允存有二心，曹操大可以小心提防，等到水軍訓練完成後，再解除他們的兵權也不遲。換言之，當你思考或分析一件事情時，必須先清楚確立問題的關鍵與行事步驟，讓每一步都有助於目標的達成。一旦未深入思考現階段的根本需求，便很容易受到外界或一些枝微末節所牽絆、干擾，亂了自己的步驟，以至於達不到原先預定的目標。

以古鑑今，在職場上，我們又該如何善用「步驟思考」來協助我們做對事、做出好決定？其關鍵原則在於：當你思考或分析一件事，是否可以根據不同等級、不同事情而迅速思考並擬定出做事的層次、步驟與優先順序，最好的方式是：「由上往下」、「由內往外」或「由結果往前推」，如此才比較容易掌握重點，達成既定的目標。

以下我就從對人的「步驟思考」開始和各位分享一些在實際工作中，對人、對事方面讓我得心應手的小技巧。

與人相關的「步驟思考」

相信主管還是相信屬下？

當你在處理一件事情，發現有問題想進一步了解，但是這件事又和某位業務同仁有關時，最好的處理方式應該是：由上往下，先找主管，聽完主管的說明後，再找所屬的業務同仁。雖然有時也會有例外，比如說正好先碰到屬下或主管剛好不在的時候，不過，原則上最好還是先和主管談過，再找屬下溝通了解。

但是，無論你是先找上哪一方，當聽完兩方說明後，萬一他們彼此意見相左時，你應該選擇相信主管的說法？還是相信屬下呢？

有些人是耳朵很輕，很容易輕信各方說法，特別是當屬下跟主管講得不一樣，他不但沒有再細細求證或思考，反而是回過頭來罵主管，這是很糟糕的做法。基本上，除非有明確的論據，否則當然應該相信主管，畢竟，是主管要帶兵打仗，如果連你都不信任主管，他將來又如何幫你處理事情，以及管理屬下？

除了上述情況之外，事實上，還有許多相關的情況會發生，比如說，當主管跟屬下不和的時候，你會留哪一位？你聘用進來的人跟主管不和時，你又會如何抉擇？你要留主管？還是留屬下？正常的情況應該是留主管，除非情況特殊，該位主管已經引起很多屬下的不信服，情況又另當考量。

這些都牽涉到「步驟思考」，或許，它沒有絕對的答案，因為答案就在各位身上，但是，不同的決定會有怎樣的影響？你應該綜合評估，思考輕重緩急，一步步想好後再做決定，才不會像前述故事中的曹操般，做出後悔莫及，卻又無可挽回的步驟。

相信內部還是相信外部？

身處在資訊爆炸的現代，隨時隨地都必須面對、處理各方大量湧來的資訊，當中哪些資訊是有用的、正確的？哪些資訊是偏頗、有可能會誤導我們決策的？都是我們必須更進一步深思和探究的。資訊的處理尚且需要抽絲剝繭，不能全盤照章接受，更何況是對人的價值判斷！

一般來說，我的做法是透過面對面的互動、觀察，從觀念上、想法上，甚至肢體語言等小動作上去了解這個人的特質，並進一步評量對公司的適用性，一旦經過慎思明辨後，便會堅定自己的信念，不輕易受到外在流言的影響，因為別人所重視或在意的點，未必與你一樣，甚至還有可能像「瞎子摸象」般，只是片面的觀點。

更何況，很多表面上眾人視之理所當然的事物，若仔細分析起來，所得出的結論也可能大不相同，特別是與「人」有關的問題。比如說，假設在你團隊中的業務甲君，平日工作勤奮、頭腦清晰，很有潛力。某天，你卻在外面無意間聽到有人說：「甲君以前在我們公司表現很差，不怎麼樣。」

請問，回來後，你會怎麼看待甲君：

一、可能開始愈看甲君愈覺得他不怎麼樣，甚至處處否定甲君的表現，總覺得他處處做錯。這就是相信外部的說法，受到影響了。

二、相信自己平日的親身觀察，不受外來沒根據或片段的流言所影響。

正確的選擇當然是二。如果你會受到外面的影響，相信外面一些流言，就否定你現在、親眼所看到的甲君，這完全是本末倒置的行為，因為你眼見的是事實，所以更應該相信你自己所看到、觀察到的結果。

切記，對「事」該在無疑處有疑；對「人」則該在有疑處無疑。

當你聽到公司外部流傳與同仁個人道德、行為相關的言論或觀點時，一定要建立「先相信內部，後相信外部」的思維順序，相信你眼睛所看到的，而不是先相信外部，卻完全否定他在內部的表現，甚至是你的親身觀察，才能避免犯了和曹操同樣的錯誤：沒有想清楚「先相信內部，後相信外部」的思維順序問題，以致誤信周瑜，錯斬蔡瑁、張允兩員大將。

爭取其他部門同仁時，先徵詢該同仁的同意，還是主管的同意？

這種狀況一般比較少見，但是當某位屬下表現十分出色時，難免會有其他主管希望能爭取該同仁到自己部門，這時候身為該同仁的單位直屬主管和想爭取該同仁的新單位主管，應該採取什麼樣的處理方法和態度，才能讓事情往正向發展？

以下提供兩個重點供各位參考：

一、爭取不同部門請善用由上而下的思考法。當你希望他部門職員轉到你的部門時，應該由上往下，先詢問該位同仁的最高直屬主管是否願意放人以及你相關各階層主管是否願意接納，如果他們都表示贊同時，再往次一級主管逐一了解其意向後，最後才詢問本人的意願。此時，若是本人也同意，便一切水到渠成。

然而，有些主管在爭取同仁轉任其部門時，往往是先詢問該位同仁的意願，雖然其本人意願很高，但在進行過程中，可能該同仁的直屬主管或你部門裡某個階層或最高層主管並不同意，結果因為你已經先行告訴該位同仁，導致該位同仁在不了解各主管考量下，再加上心情和面子因素，會認為這些主管阻礙了他的前途，不同的步驟，也無意間讓這些不贊同的主管都變成「壞人」，使原本和諧的互動關係，也莫名其妙地被破壞，甚至還可能讓公司損失一位優秀同仁。這也是在執行或推動事情時，未能掌握好「先解決頭部，再解決尾部」的「步驟思考」，導致原本的美意反倒為大家和自己帶來無謂的困擾和芥蒂。

二、遇到他部門擬爭取優秀隊員時，應具成人之美。如果那個新職務，無論是對該位同仁的未來發展或是對公司整體貢獻都較目前更具潛力、更好時，在此前提下，身為直屬主管的你，面對他部門的積極爭取，應與有榮焉，不只該放手，更該極力促成。因為這不但代表你領導有方，培育該員有成；而且長遠來看，更代表了一種力量的延伸，愈多自己的屬下高升，或者散布到其他部門，也相對意味著你職場舞台的權力和人脈又將無形地隨著所培育的人才延伸出去，甚至是為自己未來再向上發展的事前鋪路。

反過來，若是某位同仁因為在A部門工作不是很愉快，主動想換到B部門的話，基本上，我都不建議支持，因為多數在這種狀況下，想換部門的同仁多是抱著逃避而非勇於面對挑戰、克服問題的心態，往往最後不但沒能解決他自己的問題，還可能延伸出更多複雜的負面影響。除非是，該同仁在A部門的表現已經相當受到肯定，還希望能接受更大的挑戰，否則，我偏向於不成全的做法。

與事相關的「步驟思考」

先解決頭部，再解決尾部

「射人先射馬，擒賊先擒王。」——杜甫．〈前出塞〉之六

詩聖杜甫「擒賊先擒王」的精闢見解被後人廣泛流傳，應用在各個領域成為成功做事的圭臬之一，因為它明確點出，做任何事情在行動之前，都必須先確認誰是擁有最後拍板定案、決定權的人，亦即：關鍵人物（keyman）是誰？這次建議案和哪些對象相

關？有可能會「卡」在誰？所以正確的「步驟思考」應該如下：

步驟一：找出工作中的關鍵考量點（key concern）及關鍵人物。想要順利推動計畫，應該在擬定建議案之前，就先思考清楚：哪些要項是公司最在意的關鍵點？哪些人應該列為「主要溝通名單」，先溝通！哪些人列入「次要溝通名單」，到第二輪事情有方向或較細節與其有關時再溝通。其中，又以關鍵人物最為重要，是全案中具有關鍵性影響的人，比如說：擁有最後拍板定案、決定權的人或是構思最初發想者，這些所謂「關鍵人物」的看法往往也會左右全局，應該是你溝通對象名單中最優先請益、溝通的人。

步驟二：先掌握真正具決定權「關鍵人物」的意向。既然關鍵人物可能左右事情的成敗，就應該先設法確認清楚關鍵人物想要訴求的方向，特別是某些方案、章程、辦法等，如果有牽涉到經費、工作時數等關鍵性元素或方向一定要先跟關鍵人物討論過，了解其所能或願意動用的經費預算後，並取得他的認同和共識，再依著溝通後的方向開始往下推行，進行相關細節的確認或擬定方案，才能切中要領。這也是落實執行力的成功要件之一。

步驟三：推動落實的步驟。很多時候，特別是原則性或關鍵性的問題，最後拍板定案的決策在於上層主管，所以當同仁們抓出工作的關鍵人物之後，應該要馬上開始思考這個關鍵人物是否需要上級的決策？還是自己有權限立刻推展？如果這關鍵人物對公司是比較重要、關鍵性的部分，那就應該先跟上層主管溝通，確認這些關鍵考量點的可行性，等到大方向與策略確定以後，再繼續之後的工作。如果上層主管評估過後認為不可行，你也就不需要再多費心力，花時間研究底下細節。換言之，推動落實的步驟應該「由上到下」之後，才開始「由下往上」的流程，這些你都必須要當作思考的步驟，經過思考判斷後選擇當下你認為最有助於提升工作效益的方式進行。

步驟四：以「摘要」（summary）的方法向上溝通。最後，當你預計將一切計畫向上呈報時，切記給上層主管的報告應該是摘要重點的形式，簡單扼要地將重要的關鍵考量點條列出來，才能讓上層主管快速地了解並和你討論、做成決策，否則在主管忙碌行程中，你長篇大論的建議案很容易就會被暫時擱置在旁，直到主管比較有空的時候才能處理或也很可能就此忙忘了。

這就是「步驟思考」！舉凡工作中碰到任何事情都應該講究「什麼才是順利完成這

件事的正確思維」，就像是，當你想要採購業務用車時，必須先向主管確認是否有編列預算？公司目前營運狀況是否允許動支該筆預算？又比如說，當你想和某位客戶做生意時，應該先找到「關鍵人物」，確認財務部或銀行願意放帳，有額度之後，才開始思考送樣、合作模式等業務開發後續執行計畫，以免忙了半天後，到頭來才發現根本沒有預算或根本沒有額度可用，既浪費人力、錯失時間，又落得一場空。

先考慮根本問題，再考慮次要問題

所謂「蛇打七吋」，既然能掌握、關注於七吋的「根本問題」，當然也就易收事半功倍的成效，因為，「想要」是不全然等於「真正需要」！所以必須進一步思考：哪些是會影響成效關鍵的「根本問題」？哪些可能看似重要實際上卻無傷大雅的「次要問

圖：評估工作的思考先後順序

本

1. 公司賺不賺錢？
2. 會不會永續經營？
3. 公司賺錢！老闆是否有願意分享的理念？
4. 企業文化為何？有好的／公平的分享制度嗎？
5. 制度管理型態為何？
6. 升遷管道、平台的擴充性如何？
7. 學習環境如何？
8. 資深員工的穩定度如何？
9. 業務型態吻不吻合您的興趣？

末

10. 工作職能是否適合？
11. 直屬主管是誰？
12. 薪資結構如何？
13. 相關的福利、獎金、假期與上班時間……

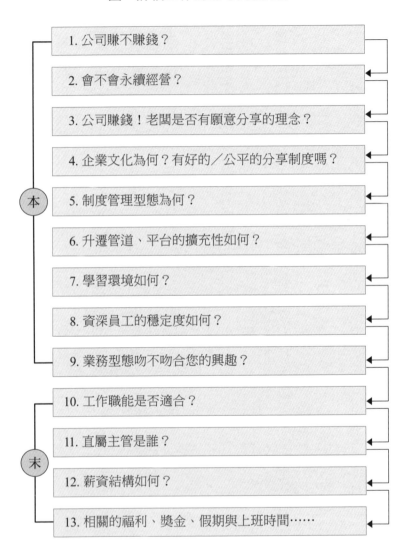

題」，透過抽絲剝繭分析釐清後，才能把許多枝枝節節的次要問題撥開，暫時排除，而將焦點放在根本問題上，以免失焦做出錯誤的判斷及決策。

以下就以應徵工作為例，或許大家能更清楚地了解何謂「先考慮根本問題，再考慮次要問題」。比方說，當你同時通過兩家以上應徵工作，正面臨是否要加入的關鍵時刻時，你該如何評估？我建議你這時不妨透過下列圖示中的問題來協助自己釐清。

注意這張圖表上正確的反問與思考順序：

從應徵者的角度來看，以上圖表中，第十至十三項的問題都是會變動的：

一、因為工作職能（job function）有可能會隨著你的職涯發展而改變、輪調。

二、隨著工作職能改變，你的直屬主管也不盡相同。

三、當你能把自己的工作做好，甚至還能向上延伸時，那公司自然不會在薪資、福利等方面虧待你。

所以，以上都應該歸屬於次要問題。反倒是第一至九項才應該更仔細地想想，以免本末倒置，影響了生涯發展的選擇。而所有根本問題中，又以第三項最為重要，因為就算公司賺錢、永續發展，但是能否與公司利益均霑則取決於老闆的理念，老闆是否樂於與員工分享努力的成效才是關鍵的「頭部」問題。如果老闆很吝嗇，根本沒有照顧員工的意願，覺得所有獲利都是私人的，並無分享的理念，那麼，就算公司賺錢、永續發展又與你何干？依然不是一家可理想打拚的環境。除非你抱著想「從中學習」的決心。

試想看看：

一、如果公司不賺錢就不可能永續經營，就算薪水暫時還好，但能長久嗎？

二、公司有公平的分享、管理制度，但企業文化中卻沒有分享的理念，那與畫餅充飢、望梅止渴有何分別呢？

三、公司有好的學習環境，但平台不夠大、升遷管道不順暢，那就算學成之後，不也沒有發揮的餘地嗎？

四、資深的員工流動性大，代表公司不能提供員工一個穩定的環境，那就算工作內容跟興趣吻合，您又如何能安心投入其中呢？

所以相較於以上這些根本問題，上下班時間、年假、員工福利等細節規定，反倒是屬於次要的問題，根本不必過於在意。

同樣的概念，當你尋找業務人員時，根本的要點應該在於他是否具有業務人員的特質，至於是否有直接經驗便是次要的問題了。一旦具有業務人員的基本特質，產品或客戶面等其他問題都可以透過訓練來達成，反之，若是缺乏業務人員基本特質，再多的訓練也是徒勞無功。依此延伸思考，我們便很清楚、容易確立許多問題的根本價值與關鍵核心，例如：

一、客戶的信用問題是根本問題，如果信用有問題，買賣高低已是次要的問題了。

二、業務人員的品德、操守是根本問題，相較之下，能力又變成次要問題了。

三、策略的決定是一個根本問題，執行細節便是次要問題了。

四、先考慮「該不該做」的根本問題，再考慮「如何做」的次要問題。

換言之，當你做出每個決定之前，都應該再次確認促使你下決定的原因，是攸關你的最終目標，還是你只在意一些與目標無關的枝微末節？從思考上就要分清楚什麼是根本問題，什麼是次要問題。千萬不要被次要問題影響到你的決定，以免最後不明確的錯誤決定，反而使你偏離了自己原先的期待或設定的目標。

先考慮第三步，再考慮要不要走第二步。第二步必須有助於第三步的計畫

無論是在圍棋、象棋或西洋棋等專家棋藝的範疇中，棋步的推算能力往往決定了棋藝的高低。或許大師不見得需要時時記得所有細節，但可確認的是，他絕對已經練就（無論先天或是後天）可以透過組織良好的連結系統，重建任何特定的細節。為什麼可以這樣做？因為每一個步驟都和下一個步驟有緊密關聯，不同的步驟也將導致不同的結果。

換言之，第一步的抉擇將影響第二步的方向和執行，同樣地，第二步的抉擇也將直接衝擊到第三步的方向和結果，所以當你思考事情、決定行動前，如果能夠「先考慮第三步後，再考慮要不要走第二步，並且確認走過的第二步必須有助於第三步計畫」的話，那麼，你再決定跨出的第一步，就算無法立即命中目標，其距離也不會太遠了，只要事前能夠先想過下二步路的連結系統，會產生什麼樣關聯性的話，就不太可能有反其道而行，或是令自己懊悔不已的情況發生。

比如說，當你想轉換工作時，必須先考慮到：究竟自己最終（至少是下二步路）的目標是什麼？想自己創業、企業內創業、純領薪水？想在工程師或市場行銷領域發展？舉例來說：

一、如果想自己創業的話，便需進一步思考是否有足夠資金、人脈。

二、如果想在工程師領域裡發展的話，便需要分析自己的技術能力是否夠水準。

三、如果想在市場行銷上發展的話，便先分析自己的個性及各項能力是否符合。

不管結論或意願、興趣如何，你都必須在現有目標或期待上，再繼續往下二層去深挖、思考答案，與此同時，還必須確定你所決定、跨入的第二步，是有助於你第三步計畫的推進或達成。

我記得很多年以前，當時還擔任應用工程師的B君，任職三個月後，就對我表示，打算辭職另換其他工作。於是我問了他幾個與其職涯發展相關的思維邏輯性問題，我倆的對話大致如下：

問：「你最後是希望自己做一名工程師？還是市場行銷人員？」

答：「我想當市場行銷人員。」

問：「那你想換到哪家公司？」

答：「某公司。」

問：「為什麼？」

答：「因為那一家公司的產品比較屬於高階應用領域。」

問：「那你是想用它的產品來設計你自己的產品，或是想複製它的產品？」

答：「都不是。」

問：「那你有想過嗎？是友尚的產品線廣還是那家公司的產品線較廣？」

答：「當然是友尚的產品線和客戶範圍較廣。」

問：「那麼，想做一個好的專業市場行銷人員，應該在範圍寬的平台上累積發展？還是窄的？」

答：「當然是範圍愈寬廣的平台愈好。」

清楚B君的意願之後，我便清楚而明確地告訴他說：「那麼很明顯的，我覺得你的決定是錯的。你的問題在於，雖然心裡想當市場行銷人員，但行動上卻仍停留在工程師的型態上，自己限制了自己的腳步，如同身在一座寶山裡，卻不知從何挖起才好。」

我進一步跟他分析，如果你想當市場行銷人員，就必須隨時隨地（從頭到尾包括儀容）都讓自己能進入市場行銷的領域，比如說，任職技術工程師的同時，就願意與周邊人員交換名片，願意主動帶回客戶的資訊和業務人員互動，聚餐時利用機會與鄰桌敬酒等等。最後，我告訴B君：「你再考慮看看，三天後告訴我你的決定，好嗎？」他同意了。

三天後，B君告訴我他想通了，願意繼續在友尚任職，並從那天起，徹底改變自己以符合市場行銷專業人員的路線。於是，他開始活躍發揮其技術工程師的邊際效應，聚餐時也總是積極地會到鄰桌敬酒，慢慢讓自己提升到技術行銷的工作，甚至策略行銷的領域之中。

不久之後，還介紹當時想挖他的那位經理到友尚公司任職，其改變之大，完全令人刮目相看，究其因：是想通了最終目標所致。之後，他的發展與表現也非常亮眼，現在已經是B副總了。

與報表相關的「步驟思考」

許多人曾問過我：「你每天要處理這麼多屬性不同的工作、面對這麼多人，為什麼那些小地方的錯誤，你都能很快抓得到？」我的秘訣就在於：**先看總計，再看細目。**

基本上，任何工作成果的呈現，都是相加、相乘之前每個工作執行成效積累而來的，所以，其中任何環節／步驟的錯誤，都一定會反映在最終的成果之中。萬一，成果有誤，我們又該怎麼做，才能有效率地在錯綜複雜的環節中「抓錯」呢？

我的方法也是從最終的結果開始著手，就像獵人追蹤獵物般，一定是從獵物最後出沒的地點，往回搜尋蛛絲馬跡，最後找到獵物的巢穴一樣。以「讀報表」這件事為例來說，看任何報表絕對都應該先從最後的總計看起，從這些總計資料與過去總計資料做比較，便很容易找出問題的所在。

比如說，當我在看公司獲利報表時，一定會從整個公司的總計毛利看起，如果說，整個公司毛利一般正常的平均值都是五％的話，現在突然變成五．五％，這就是「異常」（異於往常）的地方，這時，我便會再往下一層去檢視各部門的毛利，結果就會發現：A事業部毛利本來只有七％，怎麼突然變成一〇％？於是我就會再繼續檢視A事業部下面各單位的毛利狀況，看是哪一個部門、哪一個業務人員，或是哪一個產品項異於平常？

這樣一路追回去，很快就能知道是哪裡異常？所以說，當你善用「步驟思考」中的關鍵方法「由上往下」，很容易就能追出問題所在。或者是，當各事業部均提出下年度的業績預算時，許多主管問我：「董事長，你怎麼會那麼快就知道是哪一位業務人員的預算數字有問題？資料不是才剛送到你手上嗎？為什麼你總是能立刻檢視到可能的問題點：『你那個數字是不是輸入錯誤？或是幣別打錯了？』」

事實上，我還是利用步驟思考「由上往下」關鍵原則中「先看總計再看細目」的技巧。比方說檢查業務預算數字正確與否時，最好先看公司整體的總計，再依序看部門的總計、再看各課的總計、再看個人的總計，最後再看每一位客戶的總計，從這些總計資料與過去總計資料做比較便很容易找出問題的所在。

換句話說，我也是從總結欄（Total）的地方一直往上追，只要總計出現了一個很異常的數字，你便順著這脈絡看看是哪個部門？再看看是哪個業務人員？往往很容易就發現異常所在，比如說某個業務人員的業績，平常都在二、三百萬之間，現在卻突然暴升為八百萬，這時我便會去電詢問這名業務人員，是否有輸入錯誤或幣別錯誤的情形發生？答案通常八九不離十，這就是快速從報表中看出端倪或業務趨勢的訣竅。

大體上，愈大的總計其變動的幅度較小，總計如果大致正確，則其他細目的可靠性也就很高了，所以從報表最底層（即總結欄）開始看起，再往回推，就能很快也很容易追出問題所在，相對地，如果你反順序檢查時，便很難看出錯誤在哪裡。所以任何報表設計，千萬不要忘記要有總結欄。

如何運用「步驟思考」踏出正確的第一步

例一：我們正想要換一部車？

北京業務部擬提出汰換舊車請購新車的申請，經過大概三、四個月之久仍未見到有關這案子的計畫書。我便問承辦同仁：「為什麼這案子遲遲不見蹤影？擱置的原因是什麼？」承辦同仁表示：「我們還在評估要買什麼車、幾人座的……，因為一直還沒有結論，所以還沒能將請購計畫書呈到總管理部。」

我告訴他：「你應該分為兩階段來處理。」第一，先提出一份針對關鍵性問題的分析建議報告書，呈報上層主管做成決議。建議書中應簡明扼要地說明如下：我們目前已經有幾部車？因為業務需要，可能需要多一部車，效益何在？大概的經費預算是多少？

第二，依據主管的決議指示，再做進一步的評估和考量建議：如果主管同意淘汰舊車換新車的方案時，再繼續根據需求進行下一個步驟該考量的細節，比如說：要買什麼車、幾人座等事項。

萬一最後上層主管認為，北京今年的業務量還不需要再請購一部新車，而且經費預算的考量上也不允許時，那麼你們花費三、四個月的時間去評估要買什麼車、什麼顏色的車、要七人座還是九人座、進口還是國產等等非關鍵性、首要考量的項目，豈非白忙一場？

例二：法務部同仁應如何看待合約初稿？

公司同仁與廠商、客戶或其他供應商合作時，初步所擬定的合約，都也會同時先送請法務部同仁給予專業的協助。在此狀況下，法務部同仁大都通篇仔仔細細研讀、修改後，才會直接與負責合約的承辦同仁溝通、講解（合約細節）。

但是，如此仔細修訂所耗費的時間，往往最後和客戶溝通時，才發現某些關鍵性原則雙方還未能取得共識，以至於之前法務同仁細心推敲、修訂的工夫也等於是白做了，換言之，在這個階段就如此「仔細」的作業方式，不但拉長了彼此往返的作業時間，也常常效益不高。當然，仔細地一字一句推敲並非不好，但還是應該將「步驟思考」的觀念融入其中。

比較理想的做法是，當接到這些合約初稿時，應該先以大原則為重，一旦發現合約可能有某些問題，特別是可能與公司在意的關鍵性原則有出入時，應該要以重點摘要方式，立即將合約中的關鍵點條列出來，並與承辦同仁直接溝通，請他和客戶協商或是與其事業部主管或其他相關部門主管，進行事前的討論溝通。

直至最後將合約簽訂原則都協商、確認後，法務部同仁這時才繼續針對合約中的細節詳細閱讀，並將建議方案提請承辦同仁處理。這時候，法務同仁的仔細推敲才能發揮效益，不致白忙一場。換言之，如果這份合約某些標示出來的關鍵性原則經折衝後，依然無法和客戶取得共識，公司或業務單位都不可能接受時，那麼法務部的同仁就根本不用再耗費時間、心思去確認裡面的各項細節，同樣地，承辦同仁也不用再繼續花時間處理或進行協商。

例三：一古腦往前衝的熱情業務人員

業務乙很開心地說：「如果這客戶設計案能成功的話，日後業績一定不可限量。」我問他：「這家客戶的資本額多少？有沒有銀行額度？」他想了想說：「資本額可能不大，有沒有額度我還不清楚。」

關鍵是，如果客戶額度不大，或是根本沒有額度的話，那麼，業務乙努力促成的新產品設計案根本沒有用，因為他對於業務接單的流程和重點順序都沒掌握到。同樣地，當別人要轉客戶給你，你是否也不明就裡就衝出去，與客戶談得不亦樂乎？

基本上，談生意，先不要高興拿到多少訂單，或你在新產品設計了什麼東西？應該先確認的是：客戶的信用額度有多少？額度沒弄清楚之前，很多你正在積極爭取的訂單或是新產品設計案等相關做法都是錯的，因為一旦客戶沒有額度，財務部又無法支援你，則所有努力都可能會付諸流水。

例四：昭告天下「我們代理新產品了！」

某些同仁剛開始進行某個可能可以代理的產品項後，就急急忙忙廣發英雄帖，請大家協助做許多市場調查評估的準備工作，甚至已經積極地到處簡報，向業務同仁介紹這項產品，缺乏「先解決頭部再解決尾部」的行事作風，萬一最後的評估是不代理這項產品，那麼這段期間所做的不都是虛工嗎？甚至還已經麻煩到很多人一起陪著做虛工。

另一種昭告天下的狀況是，新代理的產品在當地才剛開始鋪陳，某些同仁就急著想往外推廣到其他區域；在這種情況下當然很難成功，因為你根本還無法掌握它的市場競爭力，也不清楚原廠支援力如何，所以說，新產品行銷模式的擴散或複製，往往需要在當地已被經營為成功典範時，再往外向其他區域推廣才比較有勝算。

為什麼他們都繞了遠路？他們都忽略了什麼？

凡此種種情況在許多單位中總是層出不窮，就像上面四個狀況中的同仁一樣，他們共同的問題癥結點都出在沒能掌握到「步驟思考」的原則，以致處理工作時的思維與執行順序都本末倒置，造成人力的浪費與時間的延宕。再次提醒大家執行工作前應注意以下事項：

一、找出工作中的關鍵考量點了嗎？以例一「北京請購新車」為例，其首要的關鍵考量點是經費。總經費估計需要多少錢？公司或部門是否有編製這方面的預算？一旦執行後還有哪些直接延伸的影響效應？當這些原則性或關鍵性的問題獲得主管確認，並做出裁示（Yes或No）後，再根據決策目標進行下一步的調查和建議計畫，這就是我們前面所強調過的，先找出關鍵考量點，再向上反映。如此，才能掌握工作效率，不致努力到最後，既浪費時間又徒勞無功。

二、推動執行的步驟正確嗎？以例一「北京請購新車」和例二「法務部同仁」來看，其推動執行的步驟如果由上而下的話，就不會讓一個提議案擱置三、四個月還沒有進展，也不至於讓承辦同仁對外協商、折衝半天後，才發現空忙一場。所以我們在規劃許多建議案時，也應該要分層次，舉凡原則性或關鍵性的建議方案都必須先向上層主管提報，等上層主管確認Yes或No後，再開始安排、進行後續步驟都不遲。

三、將關鍵考量點以摘要重點的形式向上溝通。當同仁們經過判斷，確認手上的工作是屬於「由上往下」的性質，打算向上呈報的時候，切記給上層主管的報告應該是摘要式的重點，簡單扼要地將重要的關鍵條列出來，比如說合約都是密密麻麻寫滿條文，法務部同仁若要提給上層主管時，應該只要抓出相關的關鍵考量，並附帶自己的建議在其中，才能讓上層主管快速地了解並和你討論、做成決策。

這就是「步驟思考」！舉凡在工作中碰到任何事情，都應該講究什麼才是順利完成這件事的正確思維，經過思考判斷後選擇一個你認為最有助於提升工作效益的方式進行。幾乎工作上大大小小的事都可以透過「步驟思考」來幫我們找出正確的第一步，在執行前先行清楚掌握處理的先後順序，才不會做白工，所以建立正確的「步驟思考」是提升工作效率和讓自己展現工作成果的首要課題。

好主管會這麼做

「步驟思考」運用在與人事相關方面時，有五點必須特別提醒身為主管的你：

一、**選擇屬下的主要與次要考量：**當你要找一位業務人員時，根本的要點在於他是否具有業務人員的基本特質，至於是否有直接經驗則屬於次要的問題。因為有關產品與客戶的知識，都可以靠後天訓練來學習。相對地，業務人員的能力與條件，特別是本身的品德操守及基本特質（積極、熱情、誠懇的態度、良好談吐與應對進退、靈敏反應、語言能力等）是更根本的要素，若是人格不良，即便能力再強，終究也會對公司造成更大的損害。

二、**先解決頭部，再解決尾部：**當你想從別的部門挖角時，應先詢問該部門的最高主管是否願意放人以及你的各階層主管是否願意接納，如果可以，則再往次一級主管逐一了解其意向後，最後才詢問其本人的意願。這時如果本人同意，便一切都沒有問題。

三、**相信主管，優先於相信屬下：**當你在處理某件事情時，發現有問題想進一步了解，但是這件事卻和某位業務人員相關，無論你是先找主管或屬下來說明，都應該聽完兩方意見；萬一，主管和屬下兩方意見相左時，若無明確的論據，你應該優先相信主管的說法。

四、**相信內部事實，而非外部流言：**對於屬下的評價，你應該相信內部親身的觀察，而非外部沒有根據或是片面的流言。

五、**多想一下：**多想十分鐘，提升決策品質。不同的思考方向，關心的焦點就會有所不同，當然，所採取的行動和決策影響也會有所不同，所以，除了「步驟思考」之外，我還會利用日常工作的機會，看到任何事情，碰到任何狀況，都會多想一下，即使是收到電子郵件或報告，也會多想十分鐘左右才予以回覆，盡量避免以「我知道了。」或是「謝謝！」來回應，因為這種做法，常會讓對方無所得。與其這樣，還不如晚一點點回覆，寧願再多看一下、多想一下，也問一下自己：「這可以和工作上哪些部分連結？」還需要指派什麼事？同時利用電子郵件的副本功能通知哪些人？或是還有沒有提醒或指示要給對方或其他人？這樣才是給對方有所助益的回應。

第三章

深入訪談——創造共識

知名的美國小說家亨利・詹姆斯（Henry James）曾說：「人靈魂最深的渴求是被人了解。」（The deepest hunger of human soul is to be understood.）我認為這句話應該也可以算是想進入訪談（Interview）課題最重要的入門票了，如果你還沒有這樣的體會，嚴格來講，應該很難體會訪談的要領並深得個中三昧。為什麼這樣武斷？因為訪談的主要目的在於，設法了解客戶（或對方）的想法和需求，並在滿足客戶（或對方）需求的同時，也為自己和公司爭取到最大利益。

因此，從這個角度來看，所謂「訪談」也是一門聽話的藝術。換言之，在工作職場上，你必須先學會「聽話」才能適切回應客戶，並提出正確的因應方案滿足他的需求。

傾聽是深入訪談的基本精神

例一：香草冰淇淋讓車子無法發動

美國某汽車公司收到一封客戶抱怨信，內容寫著：「這是我為了同一件事第二次寫信給你們，我不會怪你們為什麼沒有回信給我，因為我相信看到信件的人，一定會認為我瘋了，但這真的是一個事實：為什麼每當我開這台車外出買香草冰淇淋時，它就無法發動？買其他口味冰淇淋時則不會出現這樣的現象，為什麼？為什麼？」

收到顧客這樣奇怪的抱怨信，你會如何處理呢？

汽車公司在第二次收到信時，立刻派遣了客服人員到發信者的家門外觀察，確定該家庭進出成員並無任何異狀後，才正式登門拜訪。該家庭成員告訴汽車公司的客服人員：「每隔三、五天，我們全家人吃完晚飯後，就會投票決定『今天晚上要吃什麼口味的冰淇淋？』然後就由父親開著他的『飛捷』新車到附近的大賣場，停好車、下車買冰淇淋、買好後開車回家，可是每當買到香草冰淇淋要回家的時候，車子就會發不動。」

面對這樣的說辭，客服人員當然無法相信，於是他說：「那今天晚上，請你們帶我實地體會一次吧！」當天晚上，他們就由主人開車，客服人員陪同，一起去買香草冰淇淋。果真回程的時候，車子拖了三、五分鐘後才能發動，客服人員面對這樣的狀況，只好說：「我明天再來。」

第二天，這個家庭決定開車去買巧克力冰淇淋，回程時車子很輕易地就發動了。客服人員決定第三天再試一次。第三天，這個家庭依然決定買巧克力冰淇淋，買完後，車子依然順利發動。客服人員面對這樣的狀況，百思不得其解。

於是，客服人員認真地站在冰淇淋店前，觀察了一段時間，詳細記錄著每一位購買者所買的內容、冰淇淋店的銷售方式以及其他相關情況，最後，這位客服人員得出了一個結論：那家冰淇淋店的香草冰淇淋是最受歡迎的產品，所以，店家把它擺在最前面，而且事先包裝，方便客戶隨時購買，其他口味的冰淇淋則是擺在較後面的冰櫃裡，當客人購買時，店家的銷售人員必須到後面去拿取，再包裝冰淇淋，所以，買香草冰淇淋的客人會比買其他口味冰淇淋的客人，平均快上十秒鐘拿到冰淇淋，但是，為什麼這加快的十秒鐘，卻讓車子發不動？

客服人員找到可能的線索後，就把該客戶的車子開回原廠仔細檢查，最後發現，「飛捷」這款新車，在引擎發動系統設計上有散熱不夠快的小瑕疵，如果能將散熱速度設定得再快一點，就不會再產生類似的問題。後來，汽車公司就把這一款車子全部召回，重新修改引擎後，就再也沒有收到客戶任何奇怪的抱怨信。

例二：只讀一句寶典就練功的東方必敗

話說，東方必敗得到葵花寶典以後，迫不及待地翻開第一頁，看到「**欲練神功，必先自宮**」八個大字，倒吸了一口涼氣。苦苦思索了七天七夜之後，終於痛下決心，喀嚓一聲，引刀自宮。強忍著身體的劇痛，懷著凝重的心情，東方必敗緩緩翻開了第二頁，映入眼簾的又是八個大字：「**不必自宮，亦可成功**」。

東方必敗當即暈死過去。好不容易，東方必敗終於醒來了，他想，反正都自宮了，還是趕緊練功吧。於是他又緩緩的翻開第三頁，又是八個大字：「**即使自宮，未必成功**」。當場東方必敗又再次昏死過去。

過了幾天，東方必敗再度醒來，他憤憤不平地繼續往下翻閱，發現幾乎整本葵花寶典都在討論成功與自宮的關係。這時，東方必敗雖然已經接近崩潰邊緣，但也幾乎快翻完全本書了，於是，他耐著性子繼續翻閱。在翻到葵花寶典倒數第二頁時，他終於看到了結論：「**只要努力，必可成功**」。這時東方必敗又快昏過去了，但他心裡想：「不行，我要把最後一頁看完，那是我最後的希望。」

於是他鼓起最後的力量，緩緩翻開最後一頁，定眼一看，「**如已自宮，就快進宮**」。旁邊還有幾行小字——作者：皇宮淨事房編審；發行：朝廷編譯館。

或許這只是一則十分有趣的笑話，沒有太深奧的大道理，但是大家都知道故事主人翁東方必敗最大的問題，就在於他沒有讀完整本葵花寶典後再做出行動，以至於做出了終身遺憾、無法回頭的錯誤決定。其實，仔細想想，在工作當中，我們是否也經常會做出像東方必敗一樣不智的決定，而不自知呢？

比方說，很多業務人員自認為口才很好，擅長溝通，於是，拜訪客戶時，常常搶話，沒有給客戶好好表達的機會，或是沒能好好傾聽客戶需求，經常把話只聽一半，就認為自己已經掌握所有狀況，而急著表現。這種不假思索、急著行動、急著搶話的結果，其實和東方必敗的行為如出一轍，是無法達成好的訪談。

所以，業務人員應該認清自己在訪談時的角色和重要性，也要知道好的訪談往往是奠定客戶信任的基石，因此對於每次的訪談都應該慎重看待，事前研究相關資料，做好沙盤推演，並注意訪談時的相關禮儀和技巧，以充分掌握局勢，才能在訪談的每個階段扮演最佳化的蹺蹺板軸心，既能了解客戶的需要，又能為公司和自己爭取到最大的利益。

訪談前的七大準備要領

我們都知道，訪談的主要目的是要設法了解客戶（或對方）的想法和需求，並在滿足客戶（或對方）需求的同時，也為自己和公司爭取到最大利益。因此，在進入正式訪談前，最重要的事前準備就是透過各種方式或管道了解客戶的想法和需要，並從中找出進入訪談前的各種機會點。

事前研究、取得授權

拜訪客戶或打電話給客戶之前，一定要先做好以下幾件事：

一、了解客戶／對方的背景資料：

- 客戶最新交易狀況：包括交貨數量、未交數量、價格、額度使用情形、送樣品項目及承認狀態。
- 客戶各機種生產數量現況及材料明細。
- 客戶使用產品的規格及最新庫存、交貨狀況、價格動態查詢。
- 客戶高階主管或主要關鍵人物的相關資料：背景、嗜好、政黨傾向、家庭狀況、休閒運動、專長、個性等。

二、設定目標：擬定此行的目標與討論問題。

三、預先推演訪談可能的狀況：假想客戶可能提出的問題，沙盤推演可能發生的狀況，並與相關主管商討，以取得相當的「共識和授權」。

四、書面資料的準備：如果有主管或供應商同行，應該事先將相關資料書面化，讓與會雙邊的人員都能了解狀況。

以韓國三星集團為例，他們在拜訪客戶前，他們的業務單位都會在事前，將三星集團與會者的基本資料，包括與會者的照片、嗜好、專長，甚至以往會議時曾經和客戶端哪些主管碰過面、討論過哪些議題等相關資料，都會先準備好並預先遞交給客戶端，讓客戶端在會議前就已經對三星集團與會人員不陌生，不僅讓客戶感受到三星集團作業的貼心、專業，更重要的是，在整個作業過程中，從準備訪談到正式訪談都因此讓客戶留下了深刻的印象，為往後合作奠定了良好的基礎。

了解產品規格交易流程，專業作答

既然要進行業務拜訪，當然必須設法深入了解自己的產品及熟悉各項交易流程，提升自我專業度，才能在客戶面前表現出你的專業能力，讓客戶對你有信心。試想，如果客戶詢問問題時，大多數的問題你都無法作答，很多事情都必須回公司查詢或請示後，才能回覆客戶，則客戶絕對會對你的專業能力大打折扣，甚至失去信心。

帶給客戶行業相關資料

客戶最希望業務人員能帶給他一些與其行業相關的資訊，可以分成兩類：

一、直接資訊：包括其他同業動態、最新市場分析、新產品的動態、供應商的產能或價格動態等。

二、間接資訊：如證券、匯率、其他相關行業動態等消息，也可能是一些財經時事等聊天話題，所以，身為業務人員，平常一定要多閱讀報章雜誌和相關資料，以便和客戶產生更多共通的話題。

預先試探、演練

在主管或供應商造訪之前，盡可能將一些過去被擱置的問題，透過協商，預先找出解決方案，預先了解雙方可能接受的範圍值，必要時得自己先造訪幾趟進行「試探、演練」的工作，以便趁雙方的重要的高階主管都在場時，一次獲得承諾與結論，達到「善用機會」的效果。

除此之外，如果能夠預先雙邊演練，讓主管或供應商充分了解客戶狀況、潛在問題、參與人員的權責及個性、可能的議題等，以便事前有所準備與對策，不會臨場慌了手腳，導致氣氛尷尬。同時也事先告訴客戶來訪者的來歷、目的、個性、負責權責、可能的議題，必要時，還應該私下先與客戶達成默契，某些敏感問題不要在正式訪談會議中提出，留待會後解決等相關協議，讓會議順利圓滿。因為，一旦彼此留下好印象，事後將更容易解決頭痛的敏感問題。

很多時候業務人員未事先告知欲來訪者的來歷、目的與權責，客戶就很可能「文不對題」地將來訪者修理一番，結果，來訪者明明是工程人員卻大罵價格或分配不均的問題；來訪者明明是大人物卻大談一些雞毛蒜皮的小事；來訪者明明是業務人員卻大談工程規格問題。相對地，主管或供應商也會因為不明就裡，面對客戶質疑問題時，無法即時做出好的回應。

有些業務人員事前並未用心做好功課，當天帶著主管或供應商前往拜訪客戶時，還因為不熟悉客戶所在位置及路程，慌慌張張在摸索中找到客戶所在，或是當著主管、供應商的面，才開始跟客戶採購、研發等人員交換名片，這些舉動都顯示出，你是第一次和客戶相關人員見面或並不熟悉客戶。看在主管眼中也會覺得很漏氣，反而在主管心中留下不好印象。

因此，預先演練與溝通是非常重要的課題。有時候預先透露來訪者某些訊息（比如他的成就、聰明小孩、漂亮太太、得獎、專長、嗜好）給客戶，讓客戶在會談中有話題或誇獎來訪者一番，更能加強雙方良好印象，畢竟，大多數的人都喜歡聽讚美的話，即使它不那麼真實。同樣地，也可透露客戶端參與者的資訊給主管或供應商。

總之，要達到愉快會談的結果，就必須是讓雙方在知己知彼的狀態下進行會議，才比較能夠發展出好的互動和結局。所以，除了預先告知雙方所喜歡的，更要記得告知雙方所「不喜歡的」或「忌諱」的資訊，以免有人在訪談會議上誤觸地雷，反而前功盡棄。

預先知會將被修理情境，避免臨場失控

當你想帶主管或供應商到客戶端協助解決問題時，若事前已經知道有可能會因為某些狀況被客戶修理，就必須先行告知和打點，讓主管或供應商事前有心理準備，甚至請主管或供應商配合，讓客戶可以藉機發洩一下，避免臨場雙方情緒化或情況失控等負面影響產生。

禮遇第一線人員

必須特別禮遇客戶公司中的守衛、接待人員、倉管人員、品保人員等，這些看起來似乎不重要卻身處第一線的工作人員，如果你能注意到他們、禮遇他們，往往會得到許多意想不到的馬路消息、人事、產品等具有參考價值的訊息。所以，千萬不要忽略與他們維持良好的互動。

原先和業務A君約好星期三前去取款的客戶，正當A君準備出門前又來了一通電話，叫A君不要去了。當時A君很氣憤，因為好不容易才讓處處刁難的採購願意付款，卻又臨時變卦了！

就在千頭萬緒之間，A君突然想到董事長的話，用「把自己當老闆」的思維去考慮這些問題。「換位思考一下，如果這筆款項是自己的，我會怎麼做？」A君說：「當這麼一想之後，自己似乎就更有動力去催這些款項。」而且，一切事情突然豁然開朗起來。「假如現在接到電話我就不去的話，後續可能會拖更長時間，又要花更多心力去處理同樣的事情。」想著想著，A君決定：「既然客戶已經有付款的念頭，我就應該趕緊抓著，先去了再說。」於是照原計畫，出門趕往客戶公司收款。

不過，光有行動蠻幹也是不行的，還必須有策略，所以在前往客戶公司的路程上，A君還是絞盡腦汁一直思考可能的解決方式。最後他想到了四種可能解決問題的途徑：

一、找採購的直屬主管。結果這位直屬主管不肯見A君，因為他當時正和刁難A君的採購在一塊兒。

二、找該公司審計處（監管部門）主管。結果也沒用，該主管不願意幫忙。

三、找朋友、同行（和客戶有交易往來的供應商），想透過他們的人脈關係去找客戶中認識的財務人員。結果這條路也行不通。

四、最後，到了下午三、四點左右，眼看快下班了，A君決定採用最後一個方案，找客戶的一位門員（負責辦公室打雜的人員）試試。結果，他正好和財務部的出納很熟，也被A君的態度給打動了，於是告訴A君說：「出納外出中，要到五點才會回來，到時你可以打這個電話找他。」

A君耐心等到出納回來後，把整件事情的前後緣由向那位出納陳訴一遍，就這樣，出納從抽屜中將支票拿給了A君。A君開心地說：「原來，客戶當天已經把支票都準備好了，只是採購個人臨時又出狀況題給我。只是沒想到的是，給我這把解題鑰匙的是第一線門員，也幸好我平日都和他們維持還不錯的互動。」

克服拜會時間風險的四大技巧

為了避免對方臨時有事，來不及通知，影響到你的規劃與安排，或是避免當天臨時狀況因應不及，影響到原訂訪談目標與對方觀感，我們可以運用下列技巧以妥適安排。

訪談前的再次確認

狀況一：本來安排供應商要和客戶的高階主管或老闆會面，結果客戶的高階主管或老闆臨時無法出席，這時，身為業務人員的你該怎麼辦？如何打圓場？

狀況二：本來和關鍵性的重要人物約好一起去拜訪主要客戶，但是臨時重要人物無法陪同出席，身為業務人員的你該如何和主要客戶說明呢？

狀況三：帶了重要的人物前往與客戶碰面，兩點鐘依約到了客戶辦公室時，卻發現客戶臨時有事無法準時開會，當下，你又要如何和重要的人物說明？

上述這些情況隨時都有可能會發生，身為專業的業務人員，你該如何臨機應變呢？

基本上，任何的訪談，事前的「再次確認」都是非常重要的。透過訪談前的再次確認，往往可以讓臨場變數降到最低，事前掌握度提升到最高，建議做法如下：

一、執行確認時間：倘若於一週前就約好星期二下午兩點開會，最好在會議前一天（星期一）或是會議當天（星期二）早上，就應該先行去電再次確認，予以提醒，這是很重要的動作，千萬不能忽略！

二、事前再次確認的內容包括約會的時間、地點、溝通的議題、與會人員等再確認，如果有所改變，都還有處理的空間。

預留足夠時間

約訪不同客戶時，必須要在兩場訪談會議之間預留足夠的時間。避免因為上一場訪談時的延遲，影響到下一個客戶的約，甚至打亂一整天的拜訪行程，不但無法充分和客戶互動、溝通，也可能使訪談成效打折，或是當氣氛正好可以踢出臨門一腳達陣時，卻因為下一個約而必須匆匆結束，顧此失彼，無法達成原定目標。所以，切勿貪多嚼不爛，一定要記得在兩場訪談會議中間預留足夠的時間，才能讓自己從容以赴，順利完成預定目標。

避免遲到的因應之道

如果訪談時並非單獨赴約，萬一遇上臨時狀況無法立即結束這一場訪談時，不妨兵分兩路，一批人先行離場，趕赴下一場會議，避免遲到讓客戶等待；另一批人則可繼續和客戶互動，直至訪談圓滿結束後，再奔赴下一個會議現場，不僅可以避免遲到，亦可兼顧到原先和客戶訂約的目標。

避免二次遲到

當你已經錯失第一次和客戶約定的時間時，絕對要避免再次遲到。比如說，已經約好下午兩點將拜訪A客戶，但是卻有事耽擱，無法在原定時間內趕到，預計還要二十分鐘左右才能到達時，你會怎麼處理？

一、告訴客戶你馬上到，大約十分鐘左右。

二、告訴客戶你將在三十分鐘以內到達。

最好的因應對策是二。雖然你怕客戶等久了會不高興，但是若有任何風險會造成第二次遲到的印象，將讓客戶更不高興，甚至會瓦解你過去辛苦建立起來的信任，產生的影響將更嚴重，所以絕對要避免二次遲到，甚至三次、四次遲到的發生。

再者，也應該幫客戶考量，確實告知情況，讓客戶可以在等你的空檔中，先行處理其他事情，而不是一直在你「馬上到」的假象中虛耗他的時間。

有助於訪談加分的六大要點

主要目的在於營造訪談時的愉悅氛圍，為順利導入主題進行鋪陳。所以，務必要正確傾聽客戶的話，特別是含有弦外之音或特殊意涵的話，避免還沒切入正題，就讓雙方陷入尷尬或冰點，影響訪談的訴求目標。

座位安排很重要

與客戶開會的場合，和客戶談生意時，都要注意有主位與賓位的區分。習慣上，要去拜訪客戶前，務必要先問清楚座位分配，在客戶的會議室中，可先確認在地主人應該坐的位置，我方進行簡報者（或供應商、幹部）可坐的位置，如此才不至於因為坐錯位子而產生尷尬，或讓會議進行不順利。

勿開門見山，注意提問問題的層次

只和客戶談訂單、產品價格等數字類的直接銷售技巧，也就是所謂「開門見山式」的溝通方式，往往是層次最低的，因為無法與客戶深入對話，也無法確切了解客戶的需求或他在意的關鍵。換言之，無論是拜訪客戶、與客戶溝通，或是探索客戶需求，都應該注意提問時的問題層次，一定得先了解客戶最新狀態或個人嗜好，寒暄過後再切入主題，切忌開門見山。此外，記得用「共通的語言」做為開場的寒暄，不要讓會議在一本正經、非常嚴肅的氣氛下進行。

針對訪談進行的節奏與提問問題的層次，說明如下：

一、**開放式的問答題：**與客戶寒暄、聊天時，最適合應用此類發問技巧。拋出一些開放式的問題，也就是沒有絕對標準答案的問題，比如說公司優勢等，可以讓對方盡情闡述其優點的問題，或是讓對方可以炫耀、容易且樂於回答的問題，藉以拉近彼此距離，並促使現場氛圍輕鬆。最高段的提問模式是，你只花十秒鐘問的問題，卻可以讓對方高興地回答你十分鐘，這不僅會讓客戶覺得你有深度，而且很快地敞開心胸和你交心。不過，以下兩種開放式問題模式則是需要避免的，以免問題一出就讓現場氣氛立刻降到冰點。一類是過於廣泛、不著邊際的問題，這樣反而會讓對方不知該如何回答，甚至還可能摸不著頭緒，需要你解釋很久，反而讓寒暄的效果適得其反。另一類雖然看似是開放式問題，但對方卻只需要回答「是」或「不是」的超簡單、沒深度的問題。

二、**聚焦的選擇題**：當你和客戶開始進入到協商溝通的階段時，你就應該提出統整各方資訊後，數種可供客戶選擇的不同組合報價或服務建議，趁雙方高階或重要主管都在場的時候，用選擇式的建議方案，讓彼此在同一共識的基準點上，快速聚焦，達成共識。

三、**執行細節的討論：**經過上述訪談過程的節奏與模式，充分交換彼此需求後，將會更順暢地引導進入合作相關細節的討論、敲定，進而達成訪談最終目標。

「有來有往」套取資料

當你想取得客戶的資料時，最好是採用「有來有往」（Give & Take）以及「廣泛交換資訊」的方式。比方說，先告訴客戶別人用什麼料號，再請問他用什麼料號；先告訴客戶同業的動態，再問他本身的動態（例如生產量、進度、接單狀況等）；先告訴客戶市場行情價及各供應商產能狀況，再問他的目標價。

有些業務人員會很直接地問客戶相關資料，好像審問犯人式的問題與態度，通常客戶的感受都不好，也不喜歡回答此類的問答題。不妨先談談別的話題再拉回主題，採取廣泛式的交換資訊是比較好的方法，但是，切記：拉回主題，勿愈扯愈遠。不二法則是：「必須掌握一些相關資訊才能套取別人的資料」，一般常理，你沒給他資訊，他也不會給你太多資料。

中介橋梁的角色扮演

身為代理商的業務人員，在訪談當中，必須要注意兼顧到供應商、客戶兩端的立場。切忌完全偏向客戶，引起供應商的不高興，或是全部偏向供應商，沒考慮到客戶的立場，而引起客戶的不愉快，所以身為業務人員的你，請記住，必須隨時注意，訪談當中適時地兼顧雙邊的立場，勿忘代理商必須身居中介橋梁的角色扮演。

適時打圓場，勿讓主管或供應商被修理

很多業務人員無法解決問題，想帶主管或供應商前去幫忙，但卻在心裡存著「以主管或供應商被修理為樂」的不良心理，以至於未事先告知主管或供應商可能潛在的問題或有爭議性的事件，讓主管或供應商在沒有心理準備及對策下，應付場面，甚至看到客戶修理主管或供應商時，又不知跳出來「解圍及打圓場」，種下主管或供應商對客戶不良的印象，甚或懷疑業務人員的能力。

請注意！對通路服務業而言，供應商也是我們的客戶，必須能夠和供應商維持好關係，才能爭取好價錢。比如，目前供貨斷貨，但未先和供應商說明，就帶他去被客戶修理，讓供應商成為業務頂罪者，這都不是正確的處事方式。對通路服務業的業務人

員，面對客戶與供應商，都應該等同視之，絕不可以讓供應商被客戶修理。要知道，如果主管或供應商被修理得很慘，而對客戶或業務人員有不良印象時，結果是很難彌補的，事後，你必須花上雙倍或十倍以上的工夫去解決，得不償失。

傾聽、回應與臨場應變

相當多的業務人員自認口才一流，常常滔滔不絕說了一大堆，卻不管別人的反應。或者是客戶只說了一半，業務人員便自以為很懂地接下去答了一大堆，結果與客戶的意思大相逕庭、文不對題，屬於標準的「搶答型」業務人員。

事實上，好的業務人員應該隨時察言觀色，注意與會雙方是否有需要協助或支援，還必須觀察現場反應與訪談氛圍，注意觀察你的話題是否激起共鳴。如果對方反應不佳，必須更換表達方式或換話題。同時，一定要環顧四周，勿只對一個人講話。

換言之，你必須傾聽（用心聽）客戶的問題及了解真正的意思（甚至是弦外之音），同時一邊思索如何應答，切勿急著搶答，也不要只是聽而不用心想。隨時隨地讓自己養成臨場應變的關注力與反應力。

切入議題、聚焦的十大訪談技巧

無論是客戶的建議或是你的提議，都必須設法在完全掌握的狀況下進行。一旦切入正題後，應設法讓客戶聚焦討論，最好能促成雙方當場達成某些執行決議或建立共識。

承上接下，適時提供資料

寒暄過後導入正題，身為「主角」的業務人員，就算主管在場，開場白還是應該由你來做，你應該將來龍去脈（包括上次會議概況、目前概況、來訪人員簡介、來訪目的）做一個簡單的介紹，以便讓與會者能彼此了解概況，及早進入狀況。

會議進行中，可能隨時會討論到過去的交易狀況及目前狀況，這時，業務人員應該視「時機」適時提供資料及補充說明，讓雙方可以當場得到充分的資訊。不要因為對方或供應商是大人物而不敢開口，在「必要」及「適當」的時機跳出來講話，正可顯示業務人員存在的價值，記住，只要你做得得體，絕對會得到與會雙方的賞識。

即使你是單獨造訪，也有必要將拜訪目的及來龍去脈簡單陳述一遍，設想對方很忙碌，要應付很多廠商，未必會記得與你的交易狀況，所以若能「幫助對方整理資料」，以便讓對方快速進入訪談狀況，必然是受歡迎的。

多設假設題求取範圍值

通常，我們都無法很正確地得到客戶肯定的承諾，到底他可以接受多少價格？願意給你多少訂單？因此，必須做更多的假設，以便分析判斷後，求取一個可能的範圍值。比方說，當你報價新台幣十元，客戶說太貴的時候，那麼你可能告訴他：

一、如果我們可以接受九．八元，大約可以拿到多少訂單？

二、如果我們可以接受九．五元，情況又如何？

三、又或者是，如果我們不能接受其中一項訂單，會不會影響其他項目？

交貨期也是一樣，多一些假設，並且善用「如果」的提議技巧，務必要設法了解並取得一個客戶可能可以接受的範圍。當然，這些假設所得到的答案，還必須再加上個人的判斷，試著分析客戶的習性（講話實在或誇大），並佐證其他客戶的資訊，以及市場行情等相關資料後，做出一套「自己判斷的範圍值」，再與產品經理或相關主管研討後，擬定出最佳化的策略。

記得，多利用「如果」套取範圍值預測及可能的結果，以便得到對策。切忌將客戶給你的範圍值，未經消化直接搬過來用。

雙方僵持時，製造台階、充當犧牲者

如果雙方在某些關鍵點上僵持不下、氣氛不佳時，身為業務人員的你必須製造台階或轉移話題，以緩和氣氛，必要時，還要勇敢地擔起責任或充當犧牲者，以求「讓小一步，為前進一大步鋪路」。

認清自己是主角，並引導會議

多數業務人員帶著主管或供應商去拜訪客戶時，往往會忽略了自己才是主人的角色，不知道應該負責開場白、引導會議進行及做結論，反而讓自己變成了聽眾，沒有積極插入話題，甚至有機會同桌吃飯時，也只是敬陪末座，默默無語，平白喪失了最佳表現自己專業的機會。高級業務人員（主管）一定會自己主導會議的進行，讓陪同的主管及供應商，只是站在協助或了解客戶的立場。

比較資料、沙盤推演

當各方已進行一段時間討論、各自表達意見後，業務人員應該要立刻比較過去與現在的資料，將各方的意見融合起來，思考並做沙盤推演後，得出一個結論，甚至盡可能地設定後續的時程表，讓雙方能有一個比較明確的進度，繼續未完成的討論或後續執行事項。

相信對方，勿說不可能或不相信，給對方面子

訪談之中，切忌說「不可能」或「不相信」。很多事情的變化很快，昨天不可能的，今天變為可能，同時也存在著很多例外的情形（比如說，某項產品的市場行情價為十元，客戶說只有八元時，並非不可能發生，或許當時有人因庫存壓力正在拋貨）。所以，當聽到客戶意見的當下，即使與你所知出入甚大，也不要直接說「不可能」或「不相信」，只需要在心中留作參考即可。畢竟，當場拆穿客戶或供應商的謊言，有時候會讓對方惱羞成怒的。

即使你知道不可能符合客戶的要求（價格、交貨期或其他），「不必當場馬上拒絕」是不變的鐵律，最好讓客戶感覺你是盡最大努力後不得已才拒絕的。同樣地，如果供應

商產品經理報給你的價格不可能符合市場需求，有時也要「假裝努力爭取過」之後再做出回應。表現誠意及努力，讓對方很有面子，先接受「我盡力爭取看看，再繼續協商」是因應的最佳方式。

勿與客戶做不必要的爭論

很多業務人員喜歡與客戶爭論一些不重要的事情，甚至花了好多時間，結果贏了面子卻輸了裡子，贏了這一次卻造成往後可能輸好多次的後果。有時候，就算你明知客戶的資料是錯的，如果，那不是很重要的關鍵問題，不妨當場順著客戶的意思，打打馬虎眼，之後，找機會再告訴他是比較明智的做法。

預留空間，以保留彈性建立自己的信用

任何事情都可能會臨時產生變化，本來交貨沒有問題的突然變緊了；已經確認交期的貨，因為生產良率或其他大客戶插隊，而起了變化；談好的價格或分配量常隨著市場情況變化；本來有很多庫存的料號，突然卻缺貨了。因此，業務人員必須「加上緩衝、預留空間、保留彈性」，最好以一個「範圍值」（即價格在幾元至幾元之間，交貨約幾週至幾週，分配量約多少到多少）做確認，必要時，還應該加上附註（例如訂單必須在何時以前下或L／C信用狀必須在何時以前開出，否則無效）。

總之，千萬不要輕易「拍胸脯保證」，否則，一不小心失去彈性，也失去自己苦心經營的信用，連帶也會賠了公司信譽。特別是需要做書面確認時，更要慎重考量。

留下好印象便是最好的成果

當有高階主管隨同你一起拜訪客戶時，有時看似閒聊些與業務非直接相關的話題，甚或只是打招呼而已，你千萬不要因此責怪該位高階主管好像沒幫什麼忙，其實，愈是高階人員造訪，愈是談一些基本原則問題，而非細節小事，或是與業務推廣直接的議題。但是，只要訪談過程能「讓雙方大人物留下美好印象」便是最好的成果，經這次訪談過後，你會發覺不論價格、交貨、分配量，在無形中都迎刃而解了。

不同對象，訪談內容也應有所考量

當有高階主管隨同你一起拜訪客戶時，常常「愈是高階人員造訪，愈是談一些基本原則問題」，似乎與平日和你的互動不盡相同，同樣地，當你自己前往拜訪客戶高階主管時，也應該謹記這個原則，不要太急於專注在價格、數量等與業務直接相關的話題，有時，你也可以談談公司文化、特色或是管理分享等，反而會讓客戶高階主管對你留下深刻印象，認為你代表了深具歷史和文化的企業特質。

友尚三十週年時，針對公司沿革、文化、教育等製作了一段影片，每當重要客戶、供應商或是和其高階主管訪談前，都先播放這段影片，效果總是出乎意外地好，不但讓他們對我們有更深刻完整的認識，也覺得我們重視傳承、文化的企業特質與眾不同，互動感覺很不一樣。這也就是說，針對不同對象，你的寒暄方式、正式介紹或是訪談內容、導引的話題都要有所考量、有所不同，才能透過訪談拉近彼此距離、留下良好印象，為後續發展奠定基礎。

訪談後的五大功課

這次的會議結論，往往是下一次會議重要的開始。所以，會後必須盡速處理會議摘要，同時持續執行會議的決議內容，才能讓雙方都在共同認知下，往目標進展。

簡單會議摘要

拜訪客戶之後，要養成習慣馬上整理簡單的會議摘要，其中包括與會者名單、會談內容、機會點、雙方約定條件、後續行動方案，除了歸入個人檔案外，同時透過電子郵件寄給所有相關人員，包括客戶在內（給客戶的對外資料或許需要適度地稍加修改），以做為下次會談及大家執行共識的資料。此舉不僅會讓你的主管及客戶留下美好印象，也會讓雙方有共同的認知，更可加強自己撰寫報告的能力，豈非一舉數得。

後續執行行動的重要性

業務人員的服務品質完全建立在後續執行上。當你拜訪客戶時談了一大堆，答應了很多事項或是需要再確認的事情（不管是樣品或價格、交期的確認等），一定要記得依雙方約定的時程回覆對方，即使一時還沒能夠拿到正確的確認資料，也都必須依雙方約定的時間告知對方狀況，因為有回覆絕對比沒有回應好得多。

會後聚餐必須具備更多才藝和常識

通常在正式訪談會議之後，總會安排其他的應酬聚餐，這時候，好的業務人員常會適時展現說笑話、談古論今的能力，以活絡用餐氣氛，讓會議上的良好印象繼續延伸，讓大家打成一片。因此，業務人員平日就應該收集相關議題，多多練習，讓自己能夠具備「五四三」的聊天能力（閩南語，指天南地北閒聊的能力）、講笑話的技巧，甚至能練就說一口好菜好酒，打一口好球的本領等等見多識廣、懂得聊天、帶動氣氛的能力。

今日事今日畢

養成習慣，將當日拜訪後應做的事情盡量當日完成，因為明天還有明天的事情，永遠是做不完的。很多業務人員沒養成今日事今日畢的習慣，過後又忘了已經答應客戶的事，直到客戶再催促才猛然想起，留給客戶不良的印象。甚至，很多業務人員看到別人並沒有那麼努力去做到今日事今日畢，也跟著懶惰起來，其實，最後吃虧的還是你自己，因為養成好的做事習慣會帶給你自己無限的好處。記得，向好的榜樣學習，不要讓壞榜樣帶壞了。

小感謝大窩心

所謂「禮多人不怪」，不管是多麼熟悉的客戶，仍然應該要時刻注意各種禮貌。比方說，訪談結束後回到公司，可以去電或以簡訊、電子郵件以表達感謝之意。重要的節日或是客戶的生日，也可以適時透過小禮物，表達自己的貼心。這些看似小小的感謝，其實都會一點一滴累積你個人人脈存摺的額度。

訪談時的角色探討

綜合以上所有的訪談要點，可以整理出業務人員、主管以及產品經理，應該分別擔任什麼角色。

業務人員的角色

我們不難發現：為了要達到有效訪談，業務人員必須在訪談會議中扮演好下列角色：

一、會議前的探子、先鋒。

二、會議主角。

三、會議上的中介橋梁。

四、會議僵持時的犧牲者。

看起來，確實很不容易做到，但其實只要你記得，所有的訪談都與人有關，所以儘管在訪談過程中，各種大小狀況都有可能發生，但是最佳臨機應變的方式就是靜下心、設身處地想一想：「如果我是他，他會覺得怎麼樣？」「要怎樣做，才能夠贏得對方的信任？」「要如何處理，才能化解發生的問題？」只要能掌握以上原則，相信本單元的訪談要點對你而言，都將不再是深奥的學問。切記，光死記條列式的規章，無法臨機應變，是不可能變成業務高手的。

主管的角色：讓業務人員當白臉，主管扮黑臉

為了協助業務人員在訪談中能扮演好他的角色，達到預期目標，主管必須切實掌握一個原則：讓業務人員扮演客戶面前永遠的白臉，自己扮演黑臉。所以，主管應該這麼做：

一、與業務人員隨行拜訪客戶或客戶來電時，避免提出比業務人員所提供還要更好的條件，當場嘉惠客戶，為了展現自己的權力，讓業務人員失去主導權。切記，主管的報價應高於業務人員的報價。

二、避免未與業務人員照會演練，就輕易跳到第一線回應客戶，導致前後不一致，讓業務人員失去面子，很難再面對客戶。

三、避免將事情往自己身上攬的可能性，造成將來客戶只願意與主管談事情，而不願意與業務人員談，徒增主管的工作量，也破壞了主管與業務人員之間的感情，甚至因此讓業務人員覺得沒成就感而離職。

四、如果有好的消息，不論是價格或交期，讓業務人員去傳達，以增強建立業務人員和客戶之間的關係。

五、如果有壞消息或有棘手的問題，主管應該跳出來扛起責任，幫業務人員解圍，特別是在愈困難的情況下，愈需要主管一起拜訪客戶，共同解決問題。

產品經理的角色：業務人員為主，產品經理為輔

同樣地，為了協助業務人員在訪談中能扮演好他的角色，達到預期目標，產品經理也應該掌握一個原則：客戶端，永遠以業務人員為主，自己為輔。所以，產品經理應該：

一、與業務人員隨行拜訪客戶時，應避免對客戶直接報價，形成將來客戶只願意與產品經理談事情，而不願意與業務人員談，讓業務人員失去主導權，也破壞了產品經理與業務人員患難與共的感情，讓業務人員覺得既然都是產品經理在做主，他沒有什麼成就感，也就不想積極推廣該產品經理負責的產品線。

二、當供應商確定無法在交期內供貨，發生缺貨狀況時，產品經理應該在知道訊息時，及早並主動提醒業務人員趕快和客戶確認，讓客戶可以及早因應。

三、當業務人員對產品技術或市場狀況不甚了解時，產品經理應站在輔導的角色，盡可能予以協助。

四、萬一問題發生時，應扮演生命共同體的角色，適時協助並與業務人員一起研究如何解決問題。

容易讓訪談觸礁的狀況

常會見到一些業務人員會見客戶，一坐下來就開門見山、刀光劍影地切入主題，卻往往話不投機便僵住了。為了避免這種情況的產生，分享以下幾點給大家參考。

缺乏寒喧暖場的過程

在不了解客戶最新狀態或個人嗜好的情況下，無法寒喧幾句，或是閒聊一些與議題較不相干的話題，於是，在缺乏寒暄暖場的情況下，常會讓訪談處在一本正經、非常嚴肅的氣氛下進行，無法產生較為良好愉快的互動感受。

沒有材料

沒有材料的會商情形，容易發生以下一些後遺症：

一、無法暖身，創造良好的會商氣氛。

二、沒有準備對客戶有幫助的資訊，浪費客戶寶貴的時間。

三、缺乏說服客戶的資料。

四、缺乏主題，沒頭沒尾地草草結束。

五、沒有新的解決方案，還是上次那一套。

忘了主題

主題是自己業務的核心，必須念茲在茲，讓溝通隨時回到重點，否則就可能會產生以下的後遺症：

一、時間不夠：找對了話題，過於投機，暢談之後，忘了主題，但時間已到，在正事都未溝通的情況下，就打道回府。

二、客戶主導：客戶很健談，由客戶主導，無法切入主題，白跑一趟。

三、不歡而散：與客戶爭論無關緊要的問題，甚至與客戶打賭，爭得面紅耳赤，浪費太多時間，把氣氛弄壞，是典型「贏了面子，輸了裡子」的情境。有時，就算知道客戶的資料是錯的或不盡然認同他的意見，但如果這是他很在意的問題，不妨暫時順著客戶意思，打馬虎眼，之後再找機會說明，這是比較明智的做法。

忘了聆聽的重要

當好聽眾也是一件重要的事，所以聆聽時，應該特別注意不要犯了以下的錯誤：

一、未聽完客戶的話，便急於插嘴。

二、不用心記下客戶所說的話，不整理簡單的會議摘要。

三、無法聽出或不甚肯定客戶的想法時，應隨即開口技巧性地問個問題請教客戶，確認自己不但「懂得聽」，也確實「聽得懂」。

四、平常若未涉及多種常識（報章雜誌／產業動態／政治／經濟／股訊／球訊／八卦／國際／兩岸／藝文／科技／教育／旅遊／健康醫療等等），往往只能枯坐聽講，無法與客戶互動、產生共鳴，以達到真正聆聽的效果。

誤觸禁忌話題

為了營造良好的會商氣氛，寒暄暖場的話題往往是天南地北的，不過要特別小心，切勿得意忘形到口不擇言，而踩到客戶的痛處，淪為「哪壺不開提哪壺」的尷尬場面，甚至不歡而散，就得不償失。比如說，對某個客戶大談他同期某君的升遷；對中國大陸的客戶大談日本的好處等等，這都是容易觸動敏感神經的「白目」行為。當然，對於不熟悉的客戶，要知道他們有哪些地雷區，是比較困難的，但是我們必須要先建立「每個人都有其禁忌話題」的認知，這樣才會懂得去揣摩他的立場、背景，甚至從其同事或朋友處先行打聽、了解，避免在會談的場合誤觸地雷。

興趣不同，話題不對

通常，不清楚客戶的嗜好、偏好與習性，就不容易建立起共同的話題。比如說：

一、客戶是A黨派，你卻大談對手B黨派有多好。

二、只顧與某人交談甚歡，忘了其他人的存在。

三、客戶對政治不感興趣，你卻長篇大論猛談政治。
四、客戶不打高爾夫球，你卻興致勃勃地談一桿進洞的豐功偉業。
五、客戶沒有兒子，你卻大談自己的兒子有多棒。
六、客戶的英文程度不好，你卻老是賣弄英文，並在對話裡夾雜很多英文。
七、客戶是採購人員，對規格不甚清楚，你卻一直在討論技術性的話題。
八、客戶屬於一板一眼的人，你卻閒扯半天，不知停止。
九、客戶是新好男人，你卻大談風花雪月，還邀他上酒店。
十、拍錯馬屁、過於肉麻，讓人不舒服等等。

未顧及全場

當拜會或溝通時，要注意在場每一位角色的情況。避免造成下列狀況：

一、奉上不承下，忘了替採購執行者在其主管面前美言幾句。

二、只顧自己，口若懸河或吹噓與自己相關的事，不管別人是否有興趣聽，也不讓其他人有插嘴的機會。

三、數落自己公司主管的不是，讓別人看輕你的公司。

四、忘了「犧牲自己，成全他人」，要知道有時我們確實必須為承辦人員在其主管面前頂下過錯。

五、花大半時間只爭論誰對誰錯，卻未詳加討論解決方案。

六、忘了在結束前，做出雙方後續行動方案的共識結論。

無法解讀弦外之音

我從小生長在南部鄉下的大家庭之中，在這成長背景下，養成我對人際間複雜的「眉眉角角」（閩南語，指做事的竅門）有敏銳的感知力，等我出社會後，我發現，其實在工作中的人際應對，跟小時候的見聞有著異曲同工之妙。

比如說在我老家，如果你中秋節遠道從圓山飯店買了盒月餅到長輩家中送禮，收禮的長輩會跟你說：「哎呀，真是浪費錢，我們家都不吃甜的。」但等你後腳一跨出門檻，他可能就迫不及待地捧著你那盒月餅到左鄰右舍獻寶，說：「你們看，這是某某人遠從台北買來送我的名貴月餅哩，圓山大飯店的喔。」

在鄉下，人們都很矜持，對他們來說，喜怒形於色是件羞恥的事，生怕被人認為是「沒見過大場面」的「土包子」，所以就算你送幅珍貴的字畫給他們，詳細跟他介紹這是名家所繪，他也會一副不在意的樣子，字畫擱在他們面前，連看都不看一眼，好像在告訴你：「這也沒什麼了不起，我見得多了。」但同樣在你一轉身離開，這幅字畫馬上就被他們掛在客廳最顯眼的地方，親朋好友來時，他還會詳細介紹這幅畫出自名家之手，送禮時雖然一副愛聽不聽的樣子，其實聽得可仔細哩。

在我老家，很多長輩講話都喜歡裝腔作勢，標準「餓鬼假客氣」（閩南語，形容一個人心裡明明很想要，嘴上卻推說不要），你去請他來家中吃飯，他會跟你說：「哎呀，最近我實在吃太多好料啦，免啦。」其實長輩這麼說，並不是真的拒絕，而是希望你開車去接他，要是你信以為真，就說：「好吧，不勉強，那下次吧。」長輩反而會覺得你這個年輕人不懂禮數。

看了上面的例子，各位可能覺得滑稽，但想想在職場中面對客戶不也是一樣的嗎？有些話不能說得太明，所以大家都是背後有話，要聽出背後的弦外之音，你就得要了解客戶的成長環境、背景與文化，這能力或許需要經驗的累積，甚至一點聰慧天份，但你至少要有人際應對進退之間，常會有「話中有話」的認知，這樣才可能在客戶的「目色」（閩南語，目色即臉色，此處意指看人臉色）不同之間，察覺其中的差異，以免成為客戶眼中的「白目仔」（閩南語，罵人不長眼睛的意思）。

拉近訪談距離的敲門磚

當然，想和客戶有較好的開場，成功建立訪談的第一步，也是有些技巧可以適時運用。

寒暄暖場的過程不可缺

基本上，任何的會面都應該要先寒暄暖場，再切入議題，進行正式的會議。拜訪客戶，不是只有生意相關的內容可談，而其他事情就都不要聊。彼此坐下來，先天南地北地閒聊三到五分鐘，寒暄暖場，再接下來進入正題，是比較好的做法。一旦開場順了，彼此對味了，後續許多溝通的隔閡也將消失於無形。此外，也可藉此了解客戶當下心情，以及先行揣摩客戶對提案議題可能的偏向，以免誤觸地雷。當然，如果聊天前，可以先了解彼此的共通語言，知道對方的興趣，投其所好，那就更好了。

累積多元的對談材料

所謂材料，廣義來看包括非關本業的材料，以及與本業有關的材料兩大部分。

一、**非關本業的材料：**可以分為兩個層面來看，第一，從客戶個人、親屬、朋友的資料出發（如興趣、嗜好、政黨傾向、家庭、寵物等等），這也等於是對客戶個人身家背景資料做更進一步了解的探詢。第二，範圍可涵蓋各個層面，諸如財經訊息、體育新聞、影藝八卦、國內外政治與社會重大要聞等，與生活周遭息息相關或大夥感興趣的社會及時動向。換言之，**業務人員必須要有成為通才的準備和認識**，否則在許多場合上，只能聆聽，卻不能參與或投客戶所好，是無法引起共鳴、建立更近一層的友誼關係。

二、**與本業相關的材料：**對於和自己產品相關的資訊，比如交貨訊息、特色、產品開發時程計畫（roadmap）、價錢、競爭者訊息等，通常是客戶會特別關心的議題，也是最能引起共鳴的話題。此外，業務人員也必須要特別注意與客戶工作相關的資料，比如說有益於客戶工作需要的同業資訊、可提升客戶專業與競爭力的資料等，以及有關主題的資料，比如產品相關資料、新技術應用、產業發展資料等，甚至是全球競爭對手市場動向等情資交換。對業務人員而言，充實這部分的能力特別重要，因為**非關本業的材料充其量只是寒暄暖場的功能**，

但是與本業相關材料的內涵深度，卻決定著別人對你專業素養的評價。

了解對方公司或民族的文化

當你身處在國際市場的競爭與環境當中，必須和許多不同國家的人一起工作、交流，自然要了解各地方文化的慣用語、稱謂，或是寒暄的語言，才能快速拉進和這些地方工作夥伴的距離。

了解其他公司的稱謂習慣（例如同仁之間是以職稱、英文名或是中文名相稱）是最直接融入該公司氛圍的方法。例如A公司習慣以職稱抬頭彼此稱呼，當你見到李經理時，就不應該自以為親切地稱呼他「李大哥」或以英文說「Hi, John」。若是B公司習慣以中文名字互稱，那你見到張經理時，也應該適時地稱他：「河明，沒問題，我明天就將資料準備好用電子郵件寄給你。」入境隨俗地增加親切感，和彼此同一國的認同感。

了解其他公司的文化也有同樣的好處。比如說，採用美式管理與日式管理風格的公司，在其公司組織或是人際關係運作上，就會有很大的不同，如果能夠熟悉客戶的公司文化，在來往的郵件或是對談的言語裡，可以使用到對方的行話、慣用語、專用名詞的縮寫等語言來表達，自然可以讓對方對你產生親切感，迅速拉近彼此的距離。

善用開放式問題，讓客戶有發揮意見的機會

所謂開放式類型的問題，就是自己只花一分鐘，卻可以讓客戶愉悅地發表意見。舉例來說，某公司業務人員事先了解我們公司的情況後，前來拜訪我。一見面，那位業務人員就不經意開口問到：「最近一年友尚業績成長迅速，不知道貴公司經營上是否有特

殊的方法或是理念？」這樣短短地拋出一個問題，卻讓我花了近三十分鐘分享經驗與想法給對方。這位業務人員以這種開放式的問題開場，不僅讓他自己有機會更認識和了解我們，當然也讓我很開心地分享我所關心的事物，也拉近了彼此的距離。

在適當時機，穿插些笑話或幽默一下做為緩衝與潤滑劑

友尚曾經舉辦「說笑話」比賽，並在四百位同仁裡抽選對象分享笑話。舉辦這些活動的主要目的是鼓勵大家在日常生活中開始學習幽默感，特別是業務人員在日常業務拜訪時，也可以透過分享笑話或適時地幽默一下，拉近和客戶之間的距離。我認為，說笑話是業務人員必備的工作能力，但是笑話要講得好，引起共鳴，則必須要注意以下幾個關鍵：

一、要先了解笑話的內容，了解笑話的趣味點，然後再記下笑話的重點。笑話要講得好，不是靠硬記死背，一定要先融會貫通，多加練習，然後再揣摩出各種場合說笑話的差異性，必能成為說笑話高手。

二、笑話要很短。笑話不是主角，只是會議上畫龍點睛的元素，所以不宜過於冗長，最好能像女生的迷你裙一樣愈短愈好。

三、要注意場合。有些很嚴肅的場合，如追悼會上就不能說笑話。

四、與人互動的分際。可以把自己或是現場人員拉進來，變成笑話的主角，但是切記，千萬不能透過笑話諷刺傷人。

打了一口好球，說了一口好酒

業務人員不僅要懂得銷售的技巧，**超級業務人員更應該培養多元的生活嗜好，繼而可以和客戶建立起共通的嗜好。**就算不能成為個中高手，也要求能深入了解。比如說，很會打球或是打了一口好球，懂得品酒或是說了一口好酒，如此就有機會可以參與（或邀請）客戶一起打球、喝酒。或是在聊天的過程當中，和客戶交換、談論這些生活嗜好，透過這種自然的生活社交，和客戶建立起深厚友誼。根據過往的經驗，特別是**與客戶高階主管互動時，專業知識與生活知識的深度、廣度同等重要**，生意常是在一些社交場合交流。比如餐會、一起打高爾夫球等等休閒活動，若是能在良好互動的輕鬆氣氛下，適切地切入想要討論的議題，比較容易產生臨門一腳的效益，想要解決的問題往往也可在瞬間達成。

記得「見人說人話，見鬼說鬼話」的基本要領

所謂「見人說人話，見鬼說鬼話」的核心精神，並不是要業務人員扮演鄉愿的角色，或是成為一個擅長說謊者，因為一旦說了一個謊言，後續就可能為了要圓這個謊言，而說更多的謊，以致無法下台，等到哪一天謊言被戳破時，就算你真的很認真替對方做了很多事，信任關係也將付之一炬，很難再恢復。在這裡，「人」和「鬼」指的是不同角色、不同層級，也就是說，業務人員應該懂得在面對同一個客戶不同層級、不同對象，或是日商、美商等不同屬性的客戶時，可以臨機應變，根據不同對象的特質以不同的角度切入、講不同話題，才不會文不對題，順利和客戶建立起溝通的共通語言。

服裝也是訪談溝通的語言

心理學家曾指出，人們穿衣戴帽，有兩個目的。其一是為了融入社會、尋求群體的認同，其二則是希望通過服裝以凸顯自我、得到讚美。所以服裝也是人與人之間重要的溝通語言，穿著必須考量場合、地區性族群衣著的習慣等，才能更順暢地融入環境。例如，台灣中南部的客戶一般較為熱情，具濃厚的鄉土氣息，如果你拜訪時仍然一本正經地穿西裝打領帶，就會讓人覺得格格不入，無法產生同一國的感覺。

好主管會這麼做

我們常說：「人才是企業最重要的資產。」但是能否留住好人才，增強你的團隊競爭力，往往與你和屬下之間的訪談品質休戚相關。所以，主管更應該重視與同仁之間的訪談品質，才能讓同仁可以在適當的平台上成長、貢獻，凝聚共識。

一、**時時刻刻主動關照屬下需要的「心談學」**：主管應該每隔一段時間，主動跟屬下聊一、二個鐘頭，看他們是不是有不適應的地方？是不是覺得哪裡被限制住，能力無法發揮？有沒有什麼困擾？深入了解屬下遇到的問題，提供建議方案，或時時教導、關心他們的工作發展。當屬下情緒低落時，能給予安撫，表現優異時也多予鼓勵，唯有如此用心帶人，才能讓團隊發揮最佳化的綜效。

二、**耐心傾聽，協助屬下解決問題：**有些主管無法耐心傾聽屬下的心聲，未聽到屬下真言便打斷其話題，只想用權威解決問題，以至於多半只了解到問題的表面，並未真正協助屬下將問題解決，所以，隨時都有可能再爆發另一個問題，讓團隊很難成長。真正好的主管必須「耐心傾聽屬下的九句廢話，以求一句真言」。當了解屬下的問題及困難之後，你一定要挺身而出盡力幫忙屬下解決困難。如果問題在客戶端，便隨同一齊拜訪客戶；如果問題在公司內部，便與相關人員或高階主管討論；如果問題在供應商端，便親自寫電子郵件、拜訪供應商的產品經理，或請求內部的產品經理與高階主管協助。

不論最後結果如何，屬下總是感激的，這不僅是育才的一部分，也是帶兵帶心之道。如果你只會用權威帶兵，不常以「討論方式」與屬下建立良好的溝通管道，或者你只做到「了解問題但未協助解決」，絕對得不到屬下的心，也無法讓團隊成長茁壯。

三、**耐心解釋，耐心開導**：除了耐心傾聽之外，更重要的是耐心解釋與開導，許多屬下會因為所站角度的不同或對全面性事務了解不夠徹底之故，常會抱怨公司、供應商、其他部門或同事間的種種不是，這時，身為主管的你必須要非常有耐心地開導你的屬下，並不厭其煩地解釋，除了讓屬下能以不同的角度去看事情之外，還能擴展更大的格局和視野。

四、**主管的門永遠是開的，資訊是透明的**：好主管的門應該是永遠開著的，讓屬下隨時可以跟你聊聊，而且要能聽得進別人的意見，勿固執己見。除了最敏感的薪資和人事案件之外，所有的資訊愈透明愈好。有些主管刻意不讓屬下知道太多，其實聰明的人自有辦法得到消息，笨的人你給他訊息也沒有用，其實不必遮遮掩掩。切記，真正需要、常用那些資訊的可能是你的屬下，不要把資訊只留在你手上而不給屬下使用。我個人不太習慣關起房門來討論事情，也不太習慣別人給我的文件要密封（除了敏感的薪資與人事案件），其實你愈關起門來討論，別人愈有興趣打聽或猜測，可能產生很多不必要的聯想與謠言。

五、**善用屬下的優點，適才適用，樂於／勇於幫助，改進其缺點：**每個人都有其不同的個性及優缺點，做為主管的你必須要能徹底了解其差異點，以「欣賞優點」的角度出發，將組織或工作內容適當調整，使其達到適才適用，切勿因為只看到其缺點就排斥他，或讓他自生自滅。至於屬下的缺點，主管則應該樂意且具有不斷提醒屬下的勇氣，並適當幫忙他改進。

一般主管總是喜歡扮白臉，不太敢直接明指屬下缺點，其實，如果主管能夠以「私下懇談方式」與屬下溝通，多半屬下是可以接受而且還會感激你的。或許偶爾會因為某些頑固屬下不能接受你的提醒，甚至誤解你的好意，或是表面接受，內心仍存不滿，讓你倍感失望。此時，除了檢討你自己的溝通方式和技巧之外，我認為，只要立意是為屬下好，出於善意，你大可問心無愧地糾正他，屬下或許在眼前會氣你，日後可能變成感激。以我自己來說，當我立意良善去糾正屬下錯誤或缺失時，我不太在意他走出房門後的反應是感激、不高興或不以為然，因為我是基於無私的原則，提供屬下中肯的建議。需知糾正屬下的缺點與錯誤，是主管的責任與義務，不容偷懶，寧可讓屬下現在埋怨你，日後感激你，也不要讓屬下日後埋怨你一輩子，因為你未盡到主管教導的責任，反而蹉跎了屬下成長、發展的時機。

六、與客戶訪談後，立刻告知屬下應該調整的事：當屬下代表公司在客戶、供應商處進行拜會簡報時，主管除了應該隨時補充其不足之外，會後，也應該立刻告訴他剛才在簡報或訪談時需要注意的地方，因為這時候的回饋指導，對屬下而言，印象會最深刻，也比較容易修正、調整過來。就像前幾天，一離開供應商訪談會議後，我就立刻告訴A君，剛才簡報您有四點需要修正：第一，您的筆桿子一直晃動，給人不穩定的感覺。第二，目錄頁就帶出太多後面要講的內容，以至於後面讓聽者一直產生重複的感覺。第三，時間掌握不夠好，等談到最重要議題時，反而沒時間好好說明、互動。第四，簡報中出現太多附加檔案的連結，來來回回說明，反而讓議題表達不夠流暢。其實，某些時候可以放到後面或是當對方有回應時，再打開所準備的附加檔案，詳細解說，才不會影響到主議題的完整表述與流暢性。

結語

「豬肉一斤多少錢」有這麼難嗎？

一家公司新的人事命令下來了。小吳升為經理，但是比小吳還資深的小王卻沒在升遷名單之中。對此，小王很不以為然，就去請示總經理：「為什麼小吳升經理了，我卻還在原地？」總經理認真聽完他的疑問後，笑著說：「我現在有緊急的事情，要請你和小吳幫忙，你的問題我們等下再談。」說完，就讓秘書請小吳進來。

小吳進來後，總經理同時對兩個人說：「你們去幫我查一下，豬肉一斤多少錢？」

小王心想，這麼簡單的問題，總經理會不會太小題大作了。他隨手撥了幾個電話後，就趕緊向總經理報告，說：「報告總經理，豬肉一斤六十元。」總經理笑著問小王：「這是五花肉，還是里肌肉的價錢？」

小王一聽，當場傻眼，連忙告退。兩分鐘後，小王又再回報：「報告總經理，這是里肌肉的價錢，五花肉比較便宜，一斤只要四十五元。」總經理聽完後，又接著問：

「這是批發價？還是零售價呢？」

小王一聽又愣住了，再度告退。兩分鐘後，小王又急著再回報：「這是零售價格，批發價大概可以再少個兩成左右。」總經理再問，那這是活體豬肉的價格，還是冷凍豬肉的價格呢？是本地豬肉的價格，還是進口豬肉的價格呢？……小王面對一連串的問題，啞口無言，正想要出去再問時，總經理笑著說：「不用啦，小吳應該快來回報了，你坐著等一下吧！」

果不其然，一會兒工夫後，小吳拿著一疊資料走了進來，向總經理報告，說：「報告總經理，這份檔案資料是國內所有冷凍豬肉的批發價格，裡面詳列了各種肉品，其中，我特別把里肌肉和五花肉兩項用紅筆標列出來。第二頁則是活體豬肉的價格，供您比較。」小吳接著說：「另外，第二份資料是國內麵粉的批發價格，第三份資料則是國內各大賣場五大知名冷凍水餃的價格。這二份資料只是我大略整理出來的數據，供您參考。」

總經理很訝異地看著小吳，說：「你能把第一份資料整理得這麼完整給我看，這是我預料之中的事，但是，為什麼你還會整理出第二份及第三份資料呢？」小吳說：「當您交代我們要問豬肉價格時，我就很納悶，於是出去後，便請教了您的秘書，她說：『最近總經理一直在研擬一家冷凍水餃公司的財報，考慮是否要投資。』所以我在蒐集豬肉相關資料時，就額外再多問了一些相關的資料。」總經理笑著謝謝小吳，轉身回頭看著小王。

這則故事中，我們可以充分看到小吳運用「確認」、「步驟思考」、「深入訪談」所展現出來的工作成效，他不但向總經理秘書再次確認總經理的需求，同時也運用了與事情相關的「步驟思考」原則，在蒐集資料之前就先釐清架構、方向，並將根本資料及相關延伸資料清楚而有層次地呈現在報告中。當然，要在短時間內整理出如此完整有系統的資料，小吳平日一定也在深入訪談方面下過不少工夫，才能展現出超乎總經理原先期待的成果。

常看到許多年輕人以「做對的事情，比做對事情重要」，來自我期許在職場上努力的方向，其實，這兩者都很重要，不可偏廢，因為你必須要「**將對的事情做對**」，才有可能將公司賦予你的職責或主管交辦的工作做到位，否則就會像猴子摘椰子一樣，一路摘、一路掉，最後還是只有一顆椰子，因為努力的成果都不自覺地被過程中的失誤或漏接球打了折扣，無法交出漂亮成績單，讓主管看到你工作成效上的「亮點」。

在此建議大家：如果你可以多運用步驟思考原則「做對的事情」，再透過確認和深入訪談「把事情做對」的話，如此一來，將可讓自己在面對事情時，思維邏輯與基本功夫的底蘊都會漸漸深厚，想讓主管不看到你的光彩也很難。

新商業周刊叢書 BW0532

讓上司放心交辦任務的CSI工作術

工作零失誤，你的升官加薪永遠比別人早一步

原著．口述／曾國棟
整理．補充／王正芬
企 劃 選 書／陳美靜
責 任 編 輯／鄭凱達
校　　　對／吳淑芳
版　　　權／黃淑敏
行 銷 業 務／周佑潔、張倚禎

總　編　輯／陳美靜
總　經　理／彭之琬
發　行　人／何飛鵬
法 律 顧 問／台英國際商務法律事務所　羅明通律師
出　　　版／商周出版
臺北市104民生東路二段141號9樓
電話：(02) 2500-7008　傳真：(02) 2500-7759
E-mail: bwp.service @ cite.com.tw
發　　　行／英屬蓋曼群島商家庭傳媒股份有限公司　城邦分公司
臺北市104民生東路二段141號2樓
讀者服務專線：0800-020-299　24小時傳真服務：(02) 2517-0999
讀者服務信箱E-mail: cs@cite.com.tw
劃撥帳號：19833503　戶名：英屬蓋曼群島商家庭傳媒股份有限公司城邦分公司
訂 購 服 務／書虫股份有限公司客服專線：(02) 2500-7718；2500-7719
服務時間：週一至週五上午09:30-12:00；下午13:30-17:00
24小時傳真專線：(02) 2500-1990；2500-1991
劃撥帳號：19863813　戶名：書虫股份有限公司
E-mail: service@readingclub.com.tw
香港發行所／城邦（香港）出版集團有限公司
香港灣仔駱克道193號東超商業中心1樓
E-mail: hkcite@biznetvigator.com
電話：(852) 25086231　傳真：(852) 25789337
馬新發行所／城邦（馬新）出版集團
Cite (M) Sdn. Bhd.
41, Jalan Radin Anum, Bandar Baru Sri Petaling, 57000 Kuala Lumpur, Malaysia.
電話：(603) 9057-8822　傳真：(603) 9057-6622　E-mail: cite@cite.com.my

封面設計／黃聖文
印　　刷／鴻霖印刷傳媒股份有限公司
總 經 銷／高見文化行銷股份有限公司　新北市樹林區佳園路二段70-1號
電話：(02) 2668-9005　傳真：(02) 2668-9790　客服專線：0800-055-365
行政院新聞局北市業字第913號

■2014年4月8日初版1刷
■2016年11月7日初版4.5刷
Printed in Taiwan

定價270元
ISBN 978-986-272-568-9

城邦讀書花園
www.cite.com.tw

國家圖書館出版品預行編目（CIP）資料

讓上司放心交辦任務的CSI工作術：工作零失誤，你的升官加薪永遠比別人早一步／曾國棟原著、口述．王正芬整理、補充．-- 初版．-- 臺北市：商周出版：家庭傳媒城邦分公司發行, 2014.04
面；　公分．--（新商業周刊叢書；BW0532）
ISBN 978-986-272-568-9（平裝）

1. 職場成功法　2. 思考

494.35　　103004453